高职高专土建类系列教材

建筑装饰工程技术专业

建筑装饰材料

主　编　朱吉顶
副主编　范国辉
参　编　黄世梅　张志伟
　　　　王玉卓　李　姿

机械工业出版社

本教材按照高等职业教育的培养目标和教学基本要求编写。其特点是精练材料的理论知识，侧重装饰材料的实际应用，通俗易懂，图文并茂。

本书主要介绍建筑装饰材料的性质与应用，内容主要包括水泥、混凝土与石膏，石材，陶瓷，木材，装饰织物，玻璃，建筑涂料，金属装饰材料，塑料装饰制品，其他材料，典型装饰材料取样与检测试验，室内环境质量检测与验收等。

本书可作为高职高专院校建筑装饰工程技术专业、室内设计技术专业、环境艺术专业的教材，也可作为装饰装修的设计、施工人员的参考书。

图书在版编目（CIP）数据

建筑装饰材料/朱吉顶主编 .—北京：机械工业出版社，2015.9
（2023.1重印）
高职高专土建类系列教材 . 建筑装饰工程技术专业
ISBN 978-7-111-50829-8

Ⅰ.①建… Ⅱ.①朱… Ⅲ.①建筑材料—装饰材料—高等职业教育—教材 Ⅳ.①TU56

中国版本图书馆 CIP 数据核字（2015）第 154703 号

机械工业出版社（北京市百万庄大街22号 邮政编码100037）
策划编辑：张荣荣 责任编辑：张荣荣
责任校对：张 薇 封面设计：张 静
责任印制：孙 炜
北京联兴盛业印刷股份有限公司印刷
2023 年 1 月第 2 版第 6 次印刷
184mm×260mm · 11.25 印张 · 276 千字
标准书号：ISBN 978-7-111-50829-8
定价：48.00 元

电话服务　　　　　　　　　网络服务
客服电话：010-88361066　　机 工 官 网：www.cmpbook.com
　　　　　010-88379833　　机 工 官 博：weibo.com/cmp1952
　　　　　010-68326294　　金 书 网：www.golden-book.com
封底无防伪标均为盗版　　机工教育服务网：www.cmpedu.com

前　言

本书按照高等职业教育的培养目标和教学基本要求，总结编者多年来从事建筑装饰工程技术专业、室内设计技术专业教学实践的经验，特别是材料应用方面的经验，结合大部分学校的理论与实践教学条件而编写的。本书选择了学生应知应会的理论知识，删减装饰材料的原理性和检测性知识，增加了材料的识别，着重装饰材料的实际应用。本书配有大量的装饰材料图片，内容通俗易懂，相信本教材能成为学生学习的优秀参考书。

本书由中山职业技术学院朱吉顶教授任主编，负责全书的统稿，河南工业职业技术学院范国辉、黄世梅、张志伟、王玉卓、李姿等参加了编写。

由于编者水平有限，书中缺点和错误在所难免，敬请有关专家、同行和广大读者批评指正，以期进一步修改与完善。

编　者

目　　录

绪论 建筑装饰材料概述

0.1 建筑与材料

 建筑是供人们进行生产、生活或其他活动的房屋或场所。我们知道建筑是由建筑材料（建筑装饰材料也是建筑材料，习惯上人们把建筑饰面材料称为装饰材料）堆砌而成，每种材料都有各自不同的质感和修饰，不同的材料，既是同一材料不同的质量都直接影响着建筑的风格和使用。在远古，所有的建筑材料几乎都是就地取材，恰恰正是这些材料奠定了西方石材建筑和中国五千年木质结构体系的文明与艺术等。当今的建筑材料可以说有成千上万种，其光泽、质地、功能等千差万别，正是这些材料构建了我们多姿多彩的建筑世界。大多数装饰材料是作为建筑的饰面材料使用的。用于室外装饰的材料一方面影响着建筑的外观和风格，另一方面直接关系着建筑抵御自然界长期的侵蚀（建筑的耐久性）的能力；用于室内装饰的材料也影响着室内的装饰风格，但最主要的是和人的使用、舒适、安全、环保等有着直接的关系。

 总之，建筑是由建筑材料堆砌而成，建筑风格决定建筑材料的选用，建筑材料直接影响着人们对建筑的使用、舒适、环保等，图 0-1 ~ 图 0-4 所示为建筑与材料的关系。

图 0-1　古希腊帕提农神庙——代表西方古典建筑的文明与艺术

图 0-2　中国明清建筑故宫——代表中国古典建筑的辉煌

图 0-3　流水别墅（建筑材料与环境的协调）

图 0-4　现代室内装饰作品——简约风格

0.2　装饰材料的分类

装饰材料品种繁多，可从不同的角度对其分类，如从化学成分、装饰部位、材料组成、材料构造等。因我们仅需了解材料的组成与性质，更重要的是它的应用，所以从下面三个方面进行分类。

0.2.1　按化学成分不同分类

按化学成分的不同，建筑装饰材料可分为金属装饰材料、无机非金属装饰材料和复合装饰材料三大类。见表 0-1。

表 0-1　建筑装饰材料按化学成分不同分类

金属材料	黑色金属材料		不锈钢、彩色不锈钢、普通钢材
	有色金属材料		铝及铝合金、铜及铜合金、金、银
非金属材料	无机材料	天然饰面石材	天然大理石、天然花岗石
		烧结与熔融制品	琉璃及制品、釉面砖、烧结砖、岩棉及制品等
		胶凝材料	水硬性：白水泥、彩色水泥等
			气硬性：石膏装饰制品、水玻璃
	有机材料	木材制品	胶合板、纤维板、细木工板、木地板、竹材
		装饰织物	地毯、墙布、窗帘布
		合成高分子材料	塑料装饰制品、涂料、胶粘剂、密封材料

（续）

	非金属与非金属复合	装饰混凝土、装饰砂浆等
复合材料	金属与金属复合	铝合金、铜合金等
	金属与非金属复合	涂塑钢板、彩色涂层铜板等
	无机与有机复合	人造花岗石、人造大理石、钙塑泡沫装饰吸声板
	有机与有机复合	各种涂料

0.2.2　按装饰部位不同分类

按装饰部位的不同，建筑装饰材料可分为外墙装饰材料、内墙装饰材料、地面装饰材料和顶棚装饰材料四大类，见表 0-2。

表 0-2　建筑装饰材料按装饰部位分类

类　　别	装饰部位	常用装饰材料举例
外墙装饰材料	外墙、台阶、阳台、雨篷等	天然花岗石、陶瓷装饰制品、玻璃制品、金属制品、外墙涂料、装饰混凝土、合成装饰材料
内墙装饰材料	内墙墙面、墙裙、踢脚线、隔断、花架等	壁纸、墙布、内墙涂料、织物、塑料饰面板、大理石、人造石材、玻璃制品、隔热吸声装饰板
顶棚装饰材料	室内顶棚	石膏板、矿棉吸声板、玻璃棉、钙塑泡沫吸声板、聚苯乙烯泡沫塑料吸声板、纤维板、涂料、金属材料
地面装饰材料	地面、楼面、楼梯等	地毯、天然石材、陶瓷地砖、木地板、塑料地板、人造石材
室内装饰配套产品	房间、厨房、卫生间、楼梯等	各类灯具、衣柜、卫生洁具、整体橱柜、楼梯扶手、栏杆

0.2.3　按装饰材料的燃烧性能分类

建筑材料的燃烧性能是指建筑材料燃烧或遇火时所发生的一切物理和化学变化，这项性能由材料表面的着火性和火焰传播性、发热、发烟、炭化、失重以及毒性生成物的产生等特性来衡量。国家标准化管理委员会 2012 年 12 月 31 日批准发布强制性国家标准 GB 8624—2012《建筑材料及制品燃烧性能分级》，自 2013 年 10 月 1 日起实施，并替代原 GB 8624—2006。2012 版标准明确了建筑材料及制品燃烧性能的基本分级仍为 A、B1、B2、B3。

A 级：不燃性建筑材料，如石材、水泥制品、混凝土制品、玻璃、瓷砖、钢铁等。

B1 级：难燃性建筑材料，如纸面石膏板、水泥刨花板、矿棉板、珍珠岩板。

B2 级：可燃性建筑材料，如木制人造板、竹材、普通墙纸、纸制装饰板等。

B3 级：易燃性建筑材料，如油漆、酒精、聚乙烯泡沫塑料等。

材料的燃烧性能等级由专业检测机构检测确定，B3 级材料可不进行检测。

建筑装饰装修材料的选用应符合《建筑内部装修设计防火规范》GB 50222—1995（2001 年修订版）的要求。

0.3 装饰材料的性能

0.3.1 装饰材料的属性

1. 材料的颜色、光泽

材料的颜色只有在光线的照射下才能被人们所认识，光是一切物体颜色的唯一来源。光线照射到物体上后会出现反射、吸引和透射现象，我们通常看到的物体颜色是指物体反射光的颜色。不同的物体，光线照射后其反射、吸引和透射情况会不同，即使同一物体不同的光线，分解后也会不同。所以，我们通常用太阳光照射物体，反射的光色就定义为物体的颜色。

不同的颜色会给人不同的生理、心理感觉，例如，人们看到红色、橙色、黄色产生温暖、热烈感；看到青色、蓝色、绿色产生凉爽、宁静感。其实色彩本身并没有情感或表情，它之所以可以对人产生多种作用和效果，是人们在接受外部色彩刺激产生直觉映像的同时，会自动地引发出对应的思维活动，把生活中的事物与相应的色彩联系在一起，使人产生不同的心理感受，从而引起人情感上的变化。在装饰设计中，色彩设计与其他设计因素相比更直接、更强烈地诉诸于人的感觉，时时刻刻都在影响着人们的生理、心理和情感，尤为重要。图 0-5、图 0-6 所示为材料色彩应用。

图 0-5　材料色彩在室外的应用　　　　　图 0-6　材料色彩在室内的应用

光泽是材料表面方向性反射光线的性质。材料表面越光滑，则光泽度越高。当为定向反射时，材料表面就具有镜面特性。不同的光泽度，可以改变材料表面的明暗程度，并可扩大视野或造成不同的虚实对比。

2. 材料的质感与纹理

材料的质感或称为质地是人们对某种材料的强度、色彩、光泽、纹理等的综合感受。如：石材的坚硬、玻璃的光滑、混凝土的粗糙、木材的温馨等。相同的材料因表面加工的不同可以有不同的质感，不同的材料因表面加工形式相同往往会有类似的质感。例如石材其表面可加工成粗糙状和光滑状，表现的质感就完全不同，天然的大理石和人造的大理石具有类似的质感。

材料的质感是形成装饰风格的基础，花岗石、大理石贴面呈现的高贵与华丽，粗糙的石材和红砖则显现自然与淳朴，不同材料的组合或强烈质感的对比，更能显示装饰效果。图 0-7 ~ 图 0-10 所示为不同材料装饰效果。

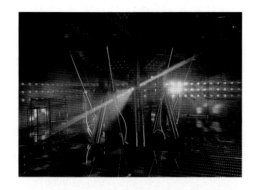

图 0-7　金属材料的装饰效果

图 0-8　木质材料的装饰效果

图 0-9　混凝土材料的装饰效果

图 0-10　石材材料的装饰效果

　　纹理是指材料表面的自然形成的花纹或纹路，图 0-11、图 0-12 所示为木材和大理石的纹理。天然材料的纹理自然、真实，人造材料的纹理均匀、没有瑕疵，显得呆板和单调。虽然天然大理石和人造大理石具有类似的质感，但仔细观察就会发现天然大理石和人造大理石的纹理是有区别的。

图 0-11　木材的纹理

图 0-12　大理石的纹理

0.3.2　材料的技术性能

1. 密度

　　材料在绝对密实状态下，单位体积的质量称为密度。材料在绝对密实状态下的体积，是指不包含材料内部孔隙在内的体积，即材料体积内固态物质的实体积。

2. 表观密度

材料在自然状态下，单位体积的质量称为表观密度，又称为容重。材料在自然状态下的体积，是指包括实体积和孔隙体积在内的体积。

3. 堆积密度

散粒材料在自然堆积状态下，单位体积的质量称为堆积密度。材料在自然堆积状态下，其体积不但包括所有颗粒内的孔隙，还包括颗粒间的空隙。

4. 孔隙率

孔隙率是指材料中孔隙体积占总体积的比例。材料孔隙率反映材料的密实程度。

5. 材料导热性

材料传递热量的能力称为材料的导热性。导热性用热导率来表示。

热导率的物理意义是：单位厚度的材料，当两侧温度差为 1K 时，在单位时间内通过单位面积的热量。热导率是评定建筑材料保温隔热性能的重要指标。在同样的温差条件下，热导率 λ 越小，材料的导热性越差，保温隔热性能越好。

材料的导热性与材料的成分、结构、孔隙率的大小和孔隙特征、含水率以及温度等有关。通常金属材料、无机材料、晶体材料的热导率分别大于非金属材料、有机材料和非晶体材料。当材料的密度一定时，孔隙率越大，热导率越小。细小而封闭的孔隙，可使热导率较小；粗大、开口且连通的孔隙，容易形成对流传热，导致热导率较大。

6. 耐燃性

材料对火焰和高温度的抵抗能力，称为材料的耐燃性。材料的耐燃性按照耐火要求规定，在明火或高温作用下燃烧与否及燃烧的难易程度分为非燃烧材料、难燃烧材料和燃烧材料三大类。

（1）非燃烧材料。在空气中受到明火或高温作用时，不起火、不炭化、不微烧的材料，称为非燃烧材料，如砖、天然石材、混凝土、砂浆、金属材料等。

（2）难燃烧材料。在空气中受到明火或高温作用时，难燃烧、难炭化、离开火源后燃烧或微烧立即停止的材料，称为难燃烧材料，如石膏板、水泥石棉板等。

（3）燃烧材料。在空气中受到明火或高温作用时，立即起火或燃烧，离开火源后继续燃烧或微烧的材料，称为燃烧材料，如胶合板、纤维板、木材、苇箔等。

在装饰工程中，应根据建筑物的耐火等级和材料的使用部位，选用非燃烧材料或难燃烧材料。当采用燃烧材料时，应进行防火处理。

7. 材料的亲水性与憎水性

材料表面与水或在空气中与水接触时，根据被水湿润程度表现为亲水性和憎水性。具有亲水性的材料称为亲水性材料；具有憎水性的材料称为憎水性材料。

材料被水湿润的程度可用湿润角表示，如图 0-13 所示。湿润角是在固体材料、水和空气三态交点处，沿水滴表面的切线（γ_{LG}）与水和固体材料表面（γ_{SL}）之间所成的夹角 θ。θ 角越小，该材料能被水湿润的程度越高。

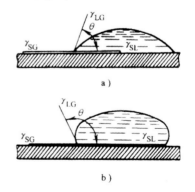

图 0-13 材料的润湿示意图
a）亲水性材料 b）憎水性材料

一般认为 $\theta \leqslant 90°$ 时，材料表现为亲水性，如木材、砖、混凝土、石等。当 $\theta \geqslant 90°$ 时，材料表现为憎水性，如沥青、石蜡、塑料等。

8. 吸水性

材料与水接触能吸收水分的性质称为材料的吸水性。吸水性的大小用吸水率表示，吸水率有两种表示方法：

（1）质量吸水率。是指材料在吸水饱和状态下，所吸水的质量占材料干质量的百分率，即材料吸水饱和时的含水率。

（2）体积吸水率。是指材料在吸水饱和状态下，所吸水的体积占材料自然体积的百分率。

材料的吸水性不仅取决于材料是亲水性或是憎水性，还与其孔隙率的大小及孔隙特征有关。一般材料的孔隙率越大，吸水性越强。开口而连通的细小孔隙越多，吸水性越强；闭口孔隙，水分子不易进入；开口的粗大孔隙，水分容易进入，但不能存留，故吸水性较小。

9. 吸湿性

材料在潮湿空气中吸收水分的性质称为材料的吸湿性。吸湿性的大小用含水率表示。含水率是指材料中所含水的质量占其干燥质量的百分率。

材料的吸湿作用是可逆的，干燥的材料可吸收空气中的水分，潮湿的材料可向空气中释放水分。与空气湿度达到平衡时的含水率，称为平衡含水率。

材料的吸湿性除与材料的成分、组织构造等因素有关外，还与周围环境的温度和湿度有关。温度越低，相对湿度越大，材料的含水率越大；反之越小。

10. 强度

材料在外力（荷载）作用下抵抗破坏的能力称为材料的强度。根据外力作用方式的不同，材料强度有抗拉强度、抗压强度、抗弯（抗折）强度、抗剪强度等。

材料的强度与其组成成分、结构构造有关。如砖、石、混凝土等材料的抗压强度较高，抗拉及抗弯强度很低；钢材的抗拉强度高。

11. 弹性与塑性

（1）弹性。材料在外力作用下产生变形，当取消外力后，能完全恢复原来形状的性质，称为弹性。这种完全能恢复的变形，称为弹性变形。

（2）塑性。材料在外力作用下产生变形，当取消外力后，仍保持变形后的形状和尺寸并且不产生裂缝的性质，称为塑性。这种不能恢复的永久变形，称为塑性变形。

12. 脆性与韧性

（1）脆性。材料受力破坏时，无明显的塑性变形而突然破坏的性质，称为材料的脆性。在常温、静荷载下具有脆性的材料称为脆性材料，如砖、石、混凝土、砂浆、陶瓷、玻璃等。脆性材料的特点是塑性变形很小，抗压强度高，抗拉强度低，抵抗冲击、振动荷载的能力差。

（2）韧性。材料在冲击或振动荷载的作用下，能吸收较大能量，并产生一定变形而不发生破坏的性质，称为材料的韧性，又称为冲击韧性。如建筑钢材、木材、橡胶沥青混凝土等属于韧性材料。

13. 硬度和耐磨性

（1）硬度。材料表面抵抗较硬物体压入或刻划的能力称为材料的硬度。材料的硬度越大，则其耐磨性越好，加工越困难。

（2）耐磨性。材料表面抵抗磨损的能力称为材料的耐磨性。

0.4 装饰材料选择原则

材料的选择特别是装饰材料的选择往往是设计人员的一道难题，严格意义上讲装饰材料的选择是科学和艺术结合的一门学问。总结装饰设计经验，在材料选择上大体要遵循以下几条原则：

（1）使用性原则。使用是目的，是材料选择的出发点。例如选择厨房的地面材料要考虑易清洁，选择卧室的地面材料要考虑温馨，选择公共空间的地面材料要考虑耐磨性和清洁性。

（2）装饰性原则。材料的质感、尺度、线型、纹理、色彩等直接影响着装饰效果，根据装饰设计风格选择决定装饰材料是材料选择的关键和核心。

（3）经济性原则。装饰艺术效果并不是昂贵材料的堆积，贵在恰当的材料用在恰当的位置，物尽其用。从经济角度考虑装饰材料的选择，应有一个总体的观念，既要考虑到工程装饰一次性投资，又要考虑到日后的维修费用。

（4）安全环保性原则。安全环保是材料选择的第一原则。现代的装饰材料绝大多数对人体无害，但也有一些材料含有放射性物质或苯、甲醛等对人体有害的物质，因此，在选择材料时，要考虑材料的安全环保性，选用对人体无害或有害物质在国家控制标准内的材料。

总之，材料的选择是一个复杂的课题，应综合考虑使用、装饰、经济、环保和地域特征、气候环境等。

0.5 装饰材料的发展趋势

随着经济和科技的发展，装饰装修材料发展趋势主要体现在以下几个方面：

（1）多功能。由单一功能向多功能发展。随着市场的需求和科技的发展，过去单一的材料功能，已逐渐被多功能性材料所取代。例如现在的涂料除了能装饰墙面外，还具有杀菌、防火等功能。有些复合材料不仅具有装饰功能，还具有防火、防水、吸声、隔声、保温等功能。

（2）易施工。产品工业化，现场简单安装。现在部分装饰材料开始进入工业化生产阶段，现场直接安装即可。如橱柜、衣柜、玻璃门等都是工厂生产，现场安装。

（3）节能环保。绿色建材是时代要求，也是建材发展的主要方向。绿色建材主要包括以下含义：

1）以相对最低的资源和能源消耗、环境污染为代价生产的高性能传统建筑材料，如用现代先进工艺和技术生产的高质量水泥。

2）能大幅度降低建筑能耗（包括生产和使用过程中的能耗）的建材制品，如具有轻质、高强、防水、保温、隔热、隔声等功能的新型墙体材料。

3）具有更高的使用效率和优异的材料性能，从而能降低材料的消耗，如高性能水泥混凝土、轻质高强混凝土。

4）具有改善居室生态环境和保健功能的建筑材料，如抗菌、除臭、调温、调湿、屏蔽有害射线的多功能玻璃、陶瓷、涂料等。

5）能大量利用工业废弃物的建筑材料，如净化污水、固化有毒有害工业废渣的水泥材料。

（4）智能化。现代新技术不断应用于装饰装修工程和装饰装修材料制品中。例如，现代公共空间设计中应用的消防联动智能系统，遇到火灾时，电子烟感器、温感器会通知大楼监控中心，同时，消防喷淋头会自动打开，消防卷帘会自动落下，出入口会保持打开状态，形成安全通道。

（5）轻质高强。现代装饰材料越来越多采用高强度纤维或聚合物与普通材料进行复合，性能、质量更加优异，强度更高，更加耐久、更富装饰效果。例如新型的铝合金型材、镁合金铝扣板等。

第 1 章　水泥、混凝土与石膏

　　水泥和混凝土都是建筑工程中使用最为广泛的建筑材料，也是最基础的建筑材料。在装饰工程中，有时用水泥或装饰水泥（如白水泥、彩色水泥等）配制成水泥砂浆、装饰砂浆或装饰混凝土等，以其特有的质感、色彩等装饰、表现建筑。

　　石膏属于气硬性无机胶凝材料。它具有质轻、保温、绝热、吸声、防火、容易加工等优点，是一种理想的节能材料和装饰材料。

1.1　水泥

　　水泥呈粉末状，与适量水拌和成可塑性浆体，经过物理化学过程浆体能变成坚硬的石状体，并能将散粒状材料胶结成为整体，是一种良好的水硬性胶凝材料。水泥按其特性和用途不同可分为通用硅酸盐水泥、专用水泥和特性水泥。在建筑工程中，通常使用的是通用硅酸盐水泥。

1.1.1　通用硅酸盐水泥

　　根据国家标准《通用硅酸盐水泥》（GB 175—2007）及《通用硅酸盐水泥》国家标准第 1 号修改单（GB 175—2007/XG1—2009（修改单））的规定：以硅酸盐水泥熟料和适量的石膏及规定的混合材料制成的水硬性胶凝材料，称为通用硅酸盐水泥。通用硅酸盐水泥按混合材料的品种和掺量不同可分为硅酸盐水泥、普通硅酸盐水泥、矿渣硅酸盐水泥、火山灰质硅酸盐水泥、粉煤灰硅酸盐水泥和复合硅酸盐水泥。

1. 硅酸盐水泥

　　根据国家标准《通用硅酸盐水泥》（GB 175—2007）的规定：凡由硅酸盐水泥熟料、3% ~5% 石灰石或粒化高炉矿渣、适量石膏磨细制成的水硬性胶凝材料，称为硅酸盐水泥。硅酸盐水泥熟料由主要含 CaO、SiO_2、Al_2O_3、Fe_2O_3 的原料，按适当比例磨成细粉组成。

　　硅酸盐水泥的生产工艺：先将几种原材料按一定比例混合磨细制成生料，然后将生料入窑进行高温（1450℃左右）煅烧得熟料，在熟料中加入适量石膏和混合材料混合磨细即得硅酸盐水泥，此过程可概括为"两磨一烧"。

2. 其他硅酸盐水泥

　　为了改善水泥的某些性能，调节水泥的强度等级，提高水泥产量，降低水泥成本，生产水泥时常掺加一定数量的人工或天然的矿物材料（称为混合材料），从而形成其他类型的硅酸盐水泥。混合材料按其性能不同，可分为活性混合材料和非活性混合材料两大类。

　　（1）活性混合材料。所谓活性混合材料是指这类材料磨成粉末后，与石灰、石膏或硅酸盐水泥加水拌和后能发生水化反应，在常温下能生成具有水硬性的胶凝物质。常用的活性混合材料有粒化高炉矿渣、火山灰质材料及粉煤灰等。

　　掺活性混合材料的硅酸盐系水泥的水化速度较慢，故早期强度较低，而由于水泥中熟料含量相对减少，故水化热较低。

（2）非活性混合材料。凡不具有活性或活性很低的人工或天然的矿物质材料，磨成细粉后与石灰、石膏或硅酸盐水泥加水拌和后，不能或很少生成水硬性的胶凝物质的材料，称为非活性混合材料。掺加非活性混合材料的主要目的是：起填充作用、增加水泥产量、降低水泥强度等级、降低水泥成本和水化热、调节水泥的某些性质等。常用的非活性混合材料有石英岩、石灰岩、砂岩、黏土、硬矿渣等，凡不符合技术要求的粒化高炉矿渣、火山灰质混合材料，也可作为非活性混合材料。

根据国家标准《通用硅酸盐水泥》（GB 175—2007）的规定，通用硅酸盐水泥的组分见表 1-1。

表 1-1　通用硅酸盐水泥组分

品种	代号	组　分				
		熟料＋石膏	粒化高炉矿渣	火山灰质混合材料	粉煤灰	石灰石
硅酸盐水泥	P·I	100	—	—	—	—
	P·II	≥95	≤5	—	—	—
		≥95	—	—	—	≤5
普通硅酸盐水泥	P·O	≥80 且 <95	>5 且 ≤20①			
矿渣硅酸盐水泥	P·S·A	≥50 且 <80	>20 且 ≤50②	—	—	—
	P·S·B	≥30 且 <50	>50 且 ≤70②	—	—	—
火山灰质硅酸盐水泥	P·P	≥60 且 <80	—	>20 且 ≤40③	—	—
粉煤灰硅酸盐水泥	P·F	≥60 且 <80	—	—	>20 且 ≤40④	—
复合硅酸盐水泥	P·C	≥50 且 <80	>20 且 ≤50⑤			

① 为符合本标准的活性混合材料，其中允许用不超过水泥质量 8% 且符合标准的非活性混合材料或不超过水泥质量 5% 且符合标准的窑灰代替。

② 为符合 GB/T 203 或 GB/T 18046 的活性混合材料，其中允许用不超过水泥质量 8% 且符合标准的活性混合材料或符合标准的非活性混合材料或符合标准的窑灰中的任一种材料代替。

③ 为符合 GB/T 2847 的活性混合材料。

④ 为符合 GB/T 1596 的活性混合材料。

⑤ 为由两种（含）以上符合标准的活性混合材料或符合标准的非活性混合材料组成，其中允许用不超过水泥质量 8% 且符合标准的窑灰代替。掺矿渣时混合材料掺量不得与矿渣硅酸盐水泥重复。

3. 水泥的水化、凝结与硬化

（1）硅酸盐水泥的水化和凝结硬化。水泥加适量水拌和后，水泥中的熟料矿物与水发生化学反应（称水化反应），生成多种水化产物，随着水化反应的不断进行，水泥浆体逐渐失去流动性和可塑性而凝结硬化。凝结和硬化是同一过程中的不同阶段，凝结标志着水泥浆体失去流动性而具有一定的塑性强度，硬化则表示水泥浆体固化后形成的结构具有一定的机械强度。

（2）影响通用硅酸盐水泥凝结硬化的主要因素。影响水泥凝结硬化的因素，除水泥的矿物成分、细度、用水量外，还有养护时间、环境的温湿度以及石膏掺量等。

4. 水泥技术性质和技术要求

（1）水泥的细度。水泥的细度是指水泥颗粒的粗细程度，它直接影响水泥的性能和使用。水泥颗粒越细，水泥与水接触面积越大，水化越充分，水化速度越快。

硅酸盐水泥和普通硅酸盐水泥以比表面积表示，不小于 $300m^2/kg$；矿渣硅酸盐水泥、火山灰质硅酸盐水泥、粉煤灰硅酸盐水泥和复合硅酸盐水泥以筛余表示，$80\mu m$ 方孔筛筛余不大于 10% 或 $45\mu m$ 方孔筛筛余不大于 30%。

（2）凝结时间。凝结时间分为初凝时间和终凝时间。初凝时间是从水泥加水到水泥浆开始失去塑性的时间；终凝时间是从水泥加水到水泥浆完全失去塑性的时间。

国家标准规定，水泥凝结时间用凝结时间测定仪进行测定。硅酸盐水泥初凝时间不小于 45min，终凝时间不大于 390min；普通硅酸盐水泥、矿渣硅酸盐水泥、火山灰质硅酸盐水泥、粉煤灰硅酸盐水泥和复合硅酸盐水泥初凝时间不小于 45min，终凝时间不大于 600min。凡初凝时间不符合国家标准规定者为废品，终凝时间不符合国家标准规定者为不合格品。

水泥的凝结时间在施工中具有重要意义。初凝不宜过快是为了保证有足够的时间在初凝之前完成混凝土成型等各工序的操作；终凝不宜过迟是为了使混凝土在浇筑完毕后能尽早完成凝结硬化，以利于下一道工序及早进行。

（3）体积安定性。水泥的体积安定性是指水泥在凝结硬化的过程中，其体积变化的均匀性。如果水泥在凝结硬化过程中产生均匀的体积变化，则其体积安定性合格，否则为体积安定性不良。水泥的体积安定性不良，会使水泥制品、混凝土构件产生膨胀性裂缝，影响工程质量，甚至引起严重的工程事故。因此，凡是体积安定性不良的水泥均作为废品处理，不能用于工程中。

（4）水泥标准稠度用水量。为使水泥凝结时间和安定性的测定结果具有可比性，在此两项测定时必须采用标准稠度的水泥净浆。ISO 标准规定，水泥净浆稠度采用稠度仪（维卡仪）测定，以试杆沉入净浆并距离玻璃底板（6±1）mm 时的水泥净浆为"标准稠度净浆"，此时的拌和用水量为该水泥的标准稠度用水量（P），按水泥质量的百分比计。水泥熟料矿物成分不同时，其标准稠度用水量也有所不同，磨得越细的水泥，标准稠度用水量越大。硅酸盐水泥的标准稠度用水量，一般在 24% ~33% 之间。

（5）强度及强度等级。水泥的强度是指水泥胶结能力的大小，是评价水泥质量的重要指标，也是划分水泥强度等级的依据。

按照 GB 175—2007《通用硅酸盐水泥》的规定，采用 GB/T 17671—1999《水泥胶砂强度检验方法（ISO 法）》规定的方法，将水泥、标准砂和水按1:3.0:0.5 的比例，制成 40mm ×40mm×160mm 的标准试件，在标准养护条件下（1d 内为（20±1）℃、相对湿度为 90% 以上的空气中，1d 后为（20±1）℃的水中）养护至规定的龄期，分别按规定的方法测定其 3d 和 28d 的抗折强度和抗压强度。根据测定的结果划分水泥强度等级。

硅酸盐水泥的强度等级分为 42.5、42.5R、52.5、52.5R、62.5、62.5R 六个等级。

普通硅酸盐水泥的强度等级分为 42.5、42.5R、52.5、52.5R 四个等级。

矿渣硅酸盐水泥、火山灰质硅酸盐水泥、粉煤灰硅酸盐水泥、复合硅酸盐水泥的强度等级分为 32.5、32.5R、42.5、42.5R、52.5、52.5R 六个等级。其中代号 R 表示早强型水泥。各龄期的强度均不得低于国家标准，否则应降级使用。不同品种不同强度等级的通用硅酸盐水泥，其不同各龄期的强度应符合表 1-2 的规定。

表 1-2　通用硅酸盐水泥各龄期强度　　　　　　　（单位：MPa）

品　种	强度等级	抗 压 强 度		抗 折 强 度	
		3d	28d	3d	28d
硅酸盐水泥	42.5	≥17.0	≥42.5	≥3.5	≥6.5
	42.5R	≥22.0		≥4.0	
	52.5	≥23.0	≥52.5	≥4.0	≥7.0
	52.5R	≥27.0		≥5.0	
	62.5	≥28.0	≥62.5	≥5.0	≥8.0
	62.5R	≥32.0		≥5.5	
普通硅酸盐水泥	42.5	≥17.0	≥42.5	≥3.5	≥6.5
	42.5R	≥22.0		≥4.0	
	52.5	≥23.0	≥52.5	≥4.0	≥7.0
	52.5R	≥27.0		≥5.0	
矿渣硅酸盐水泥 火山灰质硅酸盐水泥 粉煤灰硅酸盐水泥 复合硅酸盐水泥	32.5	≥10.0	≥32.5	≥2.5	≥5.5
	32.5R	≥15.0		≥3.5	
	42.5	≥15.0	≥42.5	≥3.5	≥6.5
	42.5R	≥19.0		≥4.0	
	52.5	≥21.0	≥52.5	≥4.0	≥7.0
	52.5R	≥23.0		≥4.5	

（6）碱含量。碱含量是指水泥中氧化钠（Na_2O）和氧化钾（K_2O）的含量。水泥中的碱和骨料中的活性二氧化硅反应生成膨胀性的碱硅酸盐凝胶，可以导致混凝土开裂，即碱骨料反应。

5. 通用硅酸盐水泥的特性

硅酸盐水泥凝结硬化快，强度高，尤其是早期强度高，主要用于重要结构的高强混凝土、预应力混凝土和有早强要求的混凝土工程，还适用于寒冷地区和严寒地区遭受反复冻融的混凝土工程。硅酸盐水泥耐磨性好，可应用于路面和机场跑道等混凝土工程中。

硅酸盐水泥耐腐蚀性差，不宜长期使用于含有侵蚀性介质（如软水、酸和盐）的环境中，且硅酸盐水泥水化热高并释放集中，不宜用于大体积混凝土工程中；硅酸盐水泥耐热性差，不宜用于有耐热性要求的混凝土工程中。

矿渣硅酸盐水泥的抗渗性较差，但耐热性好，可用于温度不高于200℃的混凝土工程中。火山灰质硅酸盐水泥的抗渗性好，但干缩较大，不适用于长期处于干燥环境中的混凝土工程。粉煤灰硅酸盐水泥的干缩小，抗裂性好。

6. 通用硅酸盐水泥的运输与储存

建筑装饰工程中常用袋装水泥，袋装水泥每袋净含量为50kg，且应不少于标志质量的99%；水泥包装袋上应清楚标明：执行标准、水泥品种、代号、强度等级、生产者名称、生产许可证标志（QS）及编号、出厂编号、包装日期、净含量。包装袋两侧应根据水泥的品种采用不同的颜色印刷水泥名称和强度等级，硅酸盐水泥和普通硅酸盐水泥采用红色，矿渣硅酸盐水泥采用绿色；火山灰质硅酸盐水泥、粉煤灰硅酸盐水泥和复合硅酸盐水泥采用黑色或蓝色。

通用硅酸盐水泥在运输与储存过程中，不得受潮和混入杂物，不同品种和强度等级的水泥在储运中避免混杂。

1.1.2 白色水泥和彩色水泥

1. 白色水泥

《白色硅酸盐水泥》GB/T 2015—2005 规定：由氧化铁含量少的硅酸盐水泥熟料、适量石膏及混合材料，磨细制成的白色水硬性胶凝材料，称为白色硅酸盐水泥，简称为白水泥，代号 P.W。

白色硅酸盐水泥的生产工艺与硅酸盐水泥相似，它与常用的硅酸盐水泥的主要区别在于氧化铁（Fe_2O_3）的含量只有后者的 1/10 左右。严格控制水泥中的含铁量是白水泥生产中的一项主要技术措施。

白度是白色水泥一项重要的技术性能指标，是衡量白色水泥质量高低的关键指标。白色水泥按其白度可分为特级、一级、二级、三级四个等级。

白色水泥强度高、色泽洁白，可配制各种彩色砂浆及彩色涂料，用于装饰工程的粉刷；可制造有艺术性的各种白色和彩色混凝土或钢筋混凝土等的装饰结构部件；也可制造各种颜色的水刷石、仿大理石及水磨石等制品；还可以配制彩色水泥。

2. 彩色水泥

根据建材行业标准《彩色硅酸盐水泥》JC/T 870—2012 规定，由硅酸盐水泥熟料及适量石膏（或白色硅酸盐水泥）、混合材料及着色剂磨细或混合制成的带有色彩的水硬性胶凝材料，称为彩色硅酸盐水泥，简称为彩色水泥。彩色水泥的生产可分为：

（1）间接法生产。是指白色硅酸盐水泥或普通硅酸盐水泥在粉磨时（或现场使用时）将彩色颜料掺入，混匀成为彩色水泥。制造红、褐、黑色较深的彩色水泥，一般用硅酸盐水泥熟料；浅色的彩色水泥用白色硅酸盐水泥熟料。颜料必须着色性强，不溶于水，分散性好，耐碱性强，对光和大气稳定性好，掺入后不能显著降低水泥的强度。此法较简单，水泥色彩较均匀，色泽较多，但颜料用量较大。

（2）直接法生产。是指在白水泥生料中加入着色物质，煅烧成彩色水泥熟料，然后再加适量石膏磨细制成彩色水泥。颜色深浅随着色剂掺量（0.1%～2.0%）而变化。此法着色剂用量少，有时可用工业副产品，成本较低，但目前生产的色泽有限，窑内气氛变化会造成熟料颜色不均匀；在使用过程中，会因彩色熟料矿物的水化易出现"白霜"使颜色变淡。

3. 白色水泥、彩色水泥的应用

白色水泥和彩色水泥主要用于建筑物内外表面的装饰。它既可配制彩色水泥浆，用于建筑物的粉刷，又可配制彩色砂浆，制作具有一定装饰效果的水刷石、水磨石、水泥地面砖、人造大理石等。

（1）配制彩色水泥浆。彩色水泥浆以各种彩色水泥为基料，掺入适量氧化钙促凝剂和皮胶液胶结料配制而成的刷浆材料。一般可用于建筑物内外墙、顶棚和柱子的粉刷，还广泛应用于贴面装饰工程的擦缝和勾缝工序，具有很好的辅助装饰效果。

（2）配制彩色水泥砂浆。彩色水泥砂浆是用各种彩色水泥与细骨料配制而成，主要用于建筑物内、外墙装饰。

彩色砂浆可呈现各种色彩、线条和花样，具有特殊的表面装饰效果。骨料多用白色、彩色或浅色的天然砂、石屑（大理石、花岗石等）、陶瓷碎粒或特制的塑料色粒，有时为使表面获得闪光效果，可加入少量的云母片、玻璃片或长石等。在沿海地区，也有在饰面砂浆中加入少量的小贝壳，使表面产生银色闪光。

（3）配制彩色混凝土。是以白色、彩色水泥为胶凝材料，加入适当品种的骨料制得的白色、彩色混凝土，根据不同的施工工艺可达到不同的装饰效果。也可制成各种制品，如彩色砌块、彩色水泥砖等。

（4）制造各种彩色水磨石、人造大理石等。

1.2 混凝土

1.2.1 普通混凝土

混凝土是世界上使用量最大的人工建筑材料之一，它是一种由胶凝材料、粗细骨料、水及其他外掺料配制而成的复合材料。具有表观密度大、抗压强度高而抗拉强度低、自重大、养护时间长、热导率较大、耐高温较差等特点。

1. 混凝土分类

按表观密度分：重混凝土（表观密度大于 $2800kg/m^3$）、普通混凝土（表观密度 $2000\sim2800kg/m^3$）、轻混凝土（表观密度小于 $2000kg/m^3$）。

（1）按胶凝材料分类：无机胶凝材料混凝土，如水泥混凝土、石膏混凝土、硅酸盐混凝土、水玻璃混凝土等；有机胶结料混凝土，如沥青混凝土、聚合物混凝土等。

（2）按使用功能分类：防水混凝土、道路混凝土、装饰混凝土、结构混凝土、保温混凝土、耐火混凝土、防辐射混凝土等。

（3）按施工工艺分类：灌浆混凝土、喷射混凝土、泵送混凝土等。

（4）按拌合物的和易性分类：干硬性混凝土、半干硬性混凝土、塑性混凝土、流动性混凝土、高流动性混凝土、流态混凝土等。

（5）按配筋方式分类：素（即无筋）混凝土、钢筋混凝土、纤维混凝土等。

2. 组成材料

（1）水泥。水泥是混凝土中的胶结材料，是决定混凝土成本的主要材料，是决定混凝土强度、耐久性及经济性的重要因素，故水泥的选用特别重要。水泥的选用，主要考虑水泥的品种和强度等级。

（2）骨料。骨料在混凝土中占有大多数体积，其性质可以影响混凝土的主要特性，依照其颗粒大小可以分为粗骨料与细骨料。

粗骨料是指粒径大于 4.75mm 的岩石颗粒，通常称为石子。一般为天然石或者为人造石，有碎石和卵石两种。

细骨料是指粒径小于 4.75mm 的岩石颗粒，通常称为砂。分为天然砂和人工砂。

（3）拌和及养护用水。符合国家标准的生活用水可直接拌制各种混凝土；海水只可用于拌制素混凝土；首次使用地表水和地下水前应进行有害物质含量检测。当对水质有疑问时，必须将该水与洁净水分别制成混凝土试件，进行强度对比试验。

（4）混凝土外加剂。混凝土外加剂是指在拌制混凝土过程中，掺入的用以改善混凝土性能的物质。常用的外加剂有减水剂、引气剂、早强剂、速凝剂、缓凝剂、防水剂、抗冻剂等。

3. 混凝土主要技术性质

混凝土的主要技术性质包括三个方面：混凝土拌合物的和易性；硬化后混凝土达到的强度；混凝土的耐久性。此外，在满足上述性质要求的前提下，应尽量降低成本，以使其具有良好的经济性及生态性。

（1）混凝土拌合物的和易性。和易性是指混凝土拌合物的施工操作难易程度和抵抗离析作用程度的性质。和易性是一项综合的技术性质，包括流动性、黏聚性和保水性三个方面的含义。

1）流动性。是指混凝土拌合物在本身自重或机械振捣作用下，能产生流动，并均匀密实地填充模板各个角落的性质。流动性好，操作方便，易于捣实成型。常用坍落度作为评定新拌混凝土流动性的指标。

2）黏聚性。是指混凝土拌合物在运输及浇筑过程中有一定黏聚力，不致出现分层离析，能保持整体均匀的性能。黏聚性不好的拌合物，砂浆与石子容易分离，硬化后出现蜂窝、麻面等现象。

3）保水性。是指混凝土拌合物保持水分不易析出的能力。

混凝土拌合物的和易性是一项综合的技术性质，目前还没有找到一种简易、迅速准确、全面反映和易性的指标及测定方法。通常是测定混凝土拌合物的流动性，辅以对黏聚性和保水性的观察来判断新拌混凝土和易性是否满足需要。

（2）混凝土的强度。混凝土硬化后的强度包括抗压强度、抗拉强度、抗弯强度等，其中抗压强度最高，抗拉强度最小。混凝土的强度常常是混凝土抗压强度的简称。

混凝土强度等级应按立方体抗压强度标准值确定。立方体抗压强度标准值是指按标准方法制作、养护的边长为 150mm 的立方体试件，在 28d 或设计规定龄期以标准试验方法测得的具有 95% 保证率的抗压强度值。按照 GB 50010—2010《混凝土结构设计规范》规定，根据混凝土立方体抗压强度标准值，将其划分为十四个等级，即：C15、C20、C25、C30、C35、C40、C45、C50、C55、C60、C65、C70、C75、C80。混凝土的强度等级不同，意味着其所能承受的荷载不同。

影响混凝土强度等级的因素主要有水泥强度、水灰比、骨料、龄期、养护温度和湿度以及施工条件等方面。

（3）混凝土的耐久性。混凝土的耐久性是指混凝土在长期外界因素作用下，抵抗外部和内部不利影响的能力。混凝土的耐久性包括抗渗性、抗冻性、抗腐蚀性、抗碳化性及碱骨料反应等。

1.2.2 装饰混凝土

对普通混凝土进行适当处理，使其表面具有一定的色彩、线条、质感或花饰，产生一定的装饰效果，达到设计的艺术感，这种具有艺术效果的混凝土称为装饰混凝土。装饰混凝土具有图形美观自然、色彩真实持久、质地坚固耐用等特点。

1. 原材料要求

装饰混凝土所用原材料基本上与普通混凝土相同，只是在颜色等方面要求更为严格。一个工程用的水泥，应选用同一工厂同一批号；骨料颜色应一致，且应选用同一产源；所选颜料应不溶于水，与水泥不发生化学反应，且耐碱耐光的矿物颜料；水和外加剂的选择，与普通混凝土相同。

2. 清水装饰混凝土

清水装饰混凝土利用混凝土结构或构件的线条或几何外形的处理获得装饰效果。它具有简单、明快大方的立面装饰效果，也可以在成型时利用模板等在构件表面上做出凹凸花纹，使立面质感更加丰富，从而获得艺术装饰效果。清水装饰混凝土在拆除浇筑模板后，表面光滑，棱角分明，无任何外墙装饰，只是在表面涂一层或两层透明的保护剂，显得十分天然、庄重，改变了传统混凝土的外观形象。如图1-1、图1-2所示。

图1-1　清水混凝土示例1　　　　　　　　图1-2　清水混凝土示例2

清水混凝土成型方法有三种。

（1）正打成型工艺。多用在大板建筑的墙板预制，是在混凝土墙板浇筑完毕水泥初凝前后，在混凝土表面进行压印，做出线型和花饰的工艺。

根据其表面的加工工艺方法不同，可分为压印和挠刮两种方式。压印工艺一般有凸纹和凹纹两种做法。凸纹是用刻有镂花图案的模具，在刚浇筑的壁板表面上印出的。挠刮工艺是在新浇筑的混凝土壁板上，用硬毛刷等工具挠刮形成一定毛面质感。正打压印、挠刮工艺制作简单，施工方便，但壁面形成的凹凸程度小，层次少、质感不丰富。

（2）反打成型工艺。即在浇筑混凝土的底面模板上做出凹槽，或在底模上加垫具有一定花纹、图案的衬模，拆模后使混凝土表面具有线型或立体装饰图案。

（3）立模工艺。正打、反打成型工艺均为预制条件下的成型工艺。立模工艺即在现浇混凝土墙面做饰面处理，利用墙板升模工艺，在外模内侧安置衬模，脱模时使模板先平移，离开新浇筑混凝土墙面再提升，这样随着模板爬升形成具有直条形纹理的装饰混凝土，立面效果别具一格。

3. 彩色混凝土

在普通混凝土中掺入适当的着色颜料，可以制成着色的彩色混凝土。

彩色混凝土的装饰效果在于色彩，色彩效果取决于混凝土的着色，与颜料性质、掺量和掺加方法有关。在混凝土中掺入适量的彩色外加剂、无机氧化物颜料和化学着色剂等着色料，或者干撒着色硬化剂等，都是混凝土着色的常用方法。

（1）无机氧化物颜料。直接在混凝土中加入无机氧化物颜料，并按一定的投料顺序进行搅拌。如图1-3所示。

（2）化学着色剂。化学着色剂是一种水溶性金属盐类，能在混凝土孔隙中生成难溶且抗磨性好的颜色沉淀物。这种着色剂中含有稀释的酸，能轻微腐蚀混凝土，从而使着色剂能渗透较深，且色调更加均匀。化学着色剂的使用，应在混凝土养护至少一个月以后进行。施加前应将混凝土表面的尘土、杂质清除干净，以免影响着色效果。

图1-3　各色颜料

（3）干撒着色硬化剂。这是一种表面着色方法，是由细颜料、表面调节剂、分散剂等拌制而成，将其均匀干撒在新浇筑的混凝土表面即可着色，适用于混凝土板、地面、人行道、车道及其他水平表面的着色，但不适于在垂直的大面积墙面使用。

国外多采用白水泥和彩色水泥作装饰混凝土，但我国目前彩色水泥产量少，价格高，所以应用范围还不很广泛，整体着色的彩色混凝土应用还少，而在普通混凝土基材表面加做彩色饰面层，制成面层着色的彩色混凝土路面砖，已经得到广泛应用。

4. 露骨料混凝土

露骨料混凝土是在混凝土硬化前或硬化后，通过一定工艺手段使混凝土骨料适当外露，以骨料的天然色泽和不规则的分布达到外饰面的美感要求，从而取得一定的装饰效果（图1-4）。露骨料混凝土的制作方法有水洗法、缓凝剂法、酸洗法、水磨法、喷砂法、抛丸法、凿剁法、火焰喷射法和劈裂法等。

（1）水洗法工艺。是在水泥硬化前冲刷水泥浆以暴露骨料的做法。这种方法只适用于预制墙板正打工艺，即在混凝土浇筑成型后1~2h，水泥浆即将凝结前，将模板一端抬起，用具有一定压力的水流把面层水泥浆冲刷掉，使骨料暴露出来，养护后即为露骨料装饰混凝土。

（2）缓凝剂法工艺。现场施工采用立模浇筑或预制反打工艺中，因工作面受模板遮挡不能及时冲刷水泥浆，就需要借助缓凝剂使表面的水泥不硬化，待脱模后再冲洗。缓凝剂在混凝土浇筑前涂刷于底模上。

因为大多数骨料色泽稳定、不

图1-4　露骨料混凝土

易受到污染，所以露骨料装饰混凝土的装饰耐久性好，并能够营造现代、复古、自然等多种环境氛围。

5. 装饰混凝土制品

装饰混凝土除了用作建筑物内、外墙表面的装饰之外，还可以制成路面砖、装饰砌块、装饰混凝土饰面板、彩色混凝土瓦等制品。装饰混凝土制品是当今水泥混凝土制品发展的方向之一。如图1-5、图1-6所示。

图1-5　装饰混凝土雕塑

图1-6　装饰混凝土大门

（1）装饰混凝土砌块。主要用于外墙装饰和庭院围护。

（2）装饰混凝土饰面板。主要形式有外墙面干挂和粘贴，常用于大型公共建筑（以干挂为主）和普通建筑物的饰面粘贴，也见于公共设施，如庭院、厕所饰面。

（3）装饰混凝土建筑小品。常见的有公共饮水器围护设施、公园亭台桌凳、垃圾箱、门面柱头、艺术雕塑、假山等。

（4）彩色混凝土瓦。用于建筑物屋面防水，并兼具装饰功能。

（5）装饰混凝土花坛砌块和车挡。花坛砌块用来砌筑花坛或园林、庭院的各种围护设施；车挡主要用于停车场、广场周边、街区道路出入口等，既具有阻挡车辆随意通行的功能，又兼具建筑小品的装饰或休息用座凳的作用。

（6）装饰混凝土路面砖和植草砖。用于公共绿地、停车场。

（7）装饰混凝土路墩石。用于城镇道路边缘围护装饰和园林绿地周边围护。

6. 彩色混凝土地坪

彩色混凝土地坪（图1-7）采用表面处理技术，在混凝土基层面上进行表面着色强化处理，能在原本普通的新旧混凝土表层，通过色彩、色调、质感、款式、纹理和不规则线条的创意设计，图案与颜色的有机组合，创造出各种天然大理石、花岗石、砖、瓦、木地板等铺设效果，同时，对着色强化处理过的地面进行渗透保护处理，以达到洁

图1-7　彩色混凝土地坪

净地面与保养地面的要求。

可广泛应用于住宅、社区、商业、市政及文娱康乐等各种场合所需的人行道、公园、广场、游乐场、高尚小区道路、停车场、庭院、地铁站台、游泳池等处的景观创造，具有极高的安全性和耐用性。

1.3 石膏

石膏主要成分是硫酸钙。自然界中硫酸钙以两种稳定形态存在，一种是未水化的天然无水石膏，另一种是水化程度最高的生石膏，即二水石膏（$CaSO_4 \cdot 2H_2O$）。

将生石膏加热至 107～170℃ 时，部分结晶水脱出，即成半水石膏（$CaSO_4 \cdot 1/2H_2O$）；温度升高到 190℃ 以上，可失去全部水分而变成无水石膏（$CaSO_4$）。半水石膏与无水石膏统称为熟石膏。

1.3.1 建筑石膏

1. 定义

根据《建筑石膏》（GB/T 9776—2008）标准，建筑石膏是指由天然石膏或工业副产石膏经脱水处理制得的，以 β 半水硫酸钙（$\beta\text{-}CaSO_4 \cdot 1/2H_2O$）为主要成分，不预加任何外加剂或添加物的粉状胶凝材料。一般是将天然二水石膏加热至 107～170℃ 分解而得半水石膏（$CaSO_4 \cdot 1/2H_2O$）经磨细而成。

2. 建筑石膏的水化、凝结与硬化

建筑石膏加适量的水拌和后，与水发生化学反应（简称水化），生成二水石膏，随着水化的不断进行，生成的二水石膏不断增多，浆体的稠度不断增加，使浆体逐渐失去可塑性，石膏凝结。其后随着水化的进一步进行，二水石膏胶体微粒凝聚并转变为晶体。晶体颗粒逐渐长大，且晶体颗粒间相互搭接、交错、共生（二个以上晶粒生长在一起）形成结晶结构，使之逐渐产生强度，即浆体产生了硬化。这一过程不断进行，直至浆体完全干燥，强度不再增加，此时浆体已硬化成为坚硬的固体。

3. 建筑石膏的性质

建筑石膏呈洁白粉末状，一般密度为 2.6～2.75g/cm³，堆积密度为 800～1100 kg/m³。建筑石膏的性质：

（1）孔隙率大、保温性好、吸声性好。建筑石膏制品硬化后内部形成大量毛细孔隙，孔隙率达 50%。这就决定了石膏制品热导率小，保温隔热性能好，吸声性好。

（2）凝结硬化快、强度较低。建筑石膏水化过程很快，一般浆体在 6～10min 内便开始失去塑性，20～30min 内完全硬化产生强度。其水化理论需水量仅为石膏质量的 18.6%。但为了使石膏浆体具有必要的塑性，通常加入石膏质量 60%～80% 的水，多余水分在硬化后蒸发，就留下很多孔隙，从而导致强度降低。

（3）体积微膨胀。石膏浆体在凝结硬化初期体积会发生微膨胀，膨胀率为 0.5%～1.0%。这一特性使模塑形成的石膏制品的表面光滑、尺寸精确、棱角清晰、饱满、装饰性好。

（4）具有一定的调温、调湿性能。建筑石膏制品的热容量较大，具有一定的调节温度的作用，内部大量的毛细孔隙对空气中的水蒸气具有较强吸附能力，所以对室内空气的湿度也有一定的调节作用。

（5）防火性好、但耐火性差。建筑石膏制品的热导率小、传热慢，且二水石膏受热脱水产生的水蒸气能阻碍火势的蔓延。但二水石膏脱水后，强度下降，因此建筑石膏耐火性较差，不宜长期在65℃以上的高温部位使用。

（6）耐水性、抗冻性差。石膏制品的孔隙率大，且二水石膏微溶于水，具有很强的吸湿性和吸水性，石膏的软化系数只有0.2~0.3，所以石膏制品的耐水性和抗冻性较差。

4. 建筑石膏的应用与储存

建筑石膏一般采用袋装或散装供应，袋装时，应用防潮包装袋包装。在运输、储存时，不得受潮和混入杂物。建筑石膏自生产之日起，在正常运输与储存条件下，储存期为三个月。

在装饰工程中，建筑石膏主要用于顶棚和隔墙工程。建筑石膏可以用作生产水泥、高强石膏粘粉、粉刷石膏以及生产各种石膏板材（如纸面石膏板、装饰石膏板等）、石膏花饰、柱饰等，建筑石膏及其制品被大量用于石膏抹面灰浆、墙面刮腻子、模型制作、石膏浮雕制品、石膏板隔墙及吊顶等工程。

1.3.2 石膏板材

石膏板是以建筑石膏为主要原料，加入纤维、粘接剂、改性剂，经混炼压制、干燥而成的一种板材。它质量轻、强度较高、厚度较薄、收缩率小、稳定性好、不老化、防虫蛀、加工方便以及隔声绝热和防火等性能较好，可用钉、锯、刨、粘等方法施工，广泛用于住宅、办公楼、商店、旅馆和工业厂房等各种建筑物的内隔墙、墙体覆面板（代替墙面抹灰层）、顶棚、吸声板、地面基层板和各种装饰板等。

图1-8 空心石膏条板

我国生产的石膏板材主要有：纸面石膏板、装饰石膏板、石膏空心条板、纤维石膏板、石膏吸声板等。如图1-8~图1-11所示。

图1-9 纸面石膏板

图1-10 纤维石膏板

1. 纸面石膏板

纸面石膏板是以石膏料浆为夹芯，两面用纸作护面而成的一种轻质板材。它以半水石膏和护面纸（纸厚≤0.6mm）为主要原料，掺加适量纤维、胶粘剂、促凝剂、缓凝剂，经料浆配制、成型、切割、烘干而成。主要有普通纸面石膏板、防火纸面石膏板和防水纸面石膏板等几种。执行标准：《纸面石膏板》GB/T 9775—2008。如图 1-12 所示。

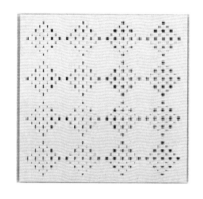

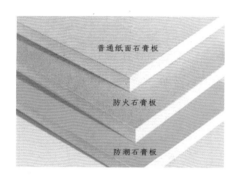

　　　图 1-11　石膏吸声板　　　　　　　　　图 1-12　纸面石膏板材

（1）纸面石膏板的分类与规格。普通纸面石膏板（代号 P）是以建筑石膏为主要原料，掺入适量的纤维和外加剂制成芯板，再在其表面贴厚质护面纸板制成的板材。护面纸板主要起到提高板材抗弯、抗冲击的作用。

耐水纸面石膏板（代号 S）是以建筑石膏为主要原料，掺入适量耐水外加剂构成耐水芯材，并与耐水的护面纸牢固黏结在一起的轻质建筑板材。主要用于厨房、卫生间等潮湿场所的装饰。

耐火纸面石膏板（代号 H）是以建筑石膏为主，掺入适量无机耐火纤维材料构成芯材，并与护面纸牢固黏结在一起的耐火轻质建筑板材。

常用的纸面石膏板的规格：长度为 2400mm、3000mm；宽度为 900mm、1200mm；板的厚度为 9.5mm、12mm、15mm 等。

纸面石膏板按棱边形状分为矩形、倒角形、楔形、圆形等。

（2）纸面石膏板的性能。纸面石膏板具有质轻、抗弯和抗冲击性高等优点，此外防火、保温、隔热、抗振性好，并具有较好的隔声性，良好的可加工性（可锯、可钉、可刨），且易于安装，施工速度快，劳动强度小，还可以调节室内温度和湿度。

（3）纸面石膏板的运输、储存及应用。纸面石膏板在运输过程中应避免撞击破损，并防止板材受潮。板材应按不同型号、规格在室内分类水平堆放，堆放场地应坚实、平整、干燥，应用垫条使板材和地面隔开。

普通纸面石膏板适用于办公楼、影剧院、饭店、宾馆、候车室、住宅等建筑的室内吊顶、墙面、隔断、内隔墙等的装饰，表面需进行饰面再处理（如刮腻子、刷乳胶漆或贴壁纸等），但仅适用于干燥环境中，不宜用于厨房、卫生间以及空气湿度大于 70% 的潮湿环境中。

耐水纸面石膏板具有较高的耐水性，其他性能与普通纸面石膏板相同，主要适用于厨房、卫生间、厕所等潮湿场所以及空气相对湿度大于 70% 的潮湿环境中，其表面也需进行饰面再处理。

耐火纸面石膏板具有较高的防火性能，其他性能与普通纸面石膏板相同。

2. 装饰石膏板

装饰石膏板是以建筑石膏为原料，掺入适量纤维增强材料和外加剂，与水一起搅拌成均匀的浆料，经浇注成型、干燥而成的不带护面纸的装饰板材。执行标准：《装饰石膏板》JC/T 799—2007。

（1）装饰石膏板的分类与规格。装饰石膏板为正方形，按其棱边断面形式有直角形和45°倒角形两种；按其功能不同分为普通板、防潮板等；按其表面装饰效果不同分为平板、孔板、浮雕板等。

常见板材的规格为 $500mm \times 500mm \times 9mm$，$600mm \times 600mm \times 11mm$。

（2）装饰石膏板的性能。装饰石膏板具有轻质、高强、耐火、隔声、韧性高等性能，可进行锯、刨、钉、钻、粘等加工，施工安装方便。特别是新型树脂仿形饰面防水石膏板板面覆以树脂，饰面仿形花纹，其色调图案逼真，新颖大方，板材强度高、耐污染、易清洗，可用于装饰墙面，做护墙板及踢脚板等，是代替天然石材和水磨石的理想材料，适用于中高档装饰。

（3）装饰石膏板的运输、储存及应用。装饰石膏板在运输过程中应立放、贴紧，并有遮篷措施。板材应按品种、规格及等级在室内坚实、平整、干燥处堆放，堆放高度不应大于 $2m$。

装饰石膏板的表面细腻，色彩、花纹图案丰富，浮雕板和孔板具有较强的立体感，质感亲切，给人以清新柔和感，并且具有质轻、强度较高、保温、吸声、防火、不燃、调节室内湿度等特点。主要用于建筑室内墙壁装饰和吊顶装饰以及隔墙等，如宾馆、饭店、餐厅、礼堂、影剧院、会议室、医院、幼儿园、候机（车）室、办公室、住宅等的吊顶、墙面工程。湿度较大的场所应使用防潮板。

3. 嵌装式装饰石膏板

嵌装式装饰石膏板是带有嵌装企口的装饰石膏板，性质和装饰石膏板类似，只是板材背面四边加厚，并带有嵌装企口，板材正面为平面，带孔或带浮雕图案，有不同孔洞形式和排列方式，因而装饰性更强。同时，嵌装式装饰石膏板在安装时只需嵌固在龙骨上，不再需要另行固定，整个施工全部为装配化，并且任意部位的板材均可随意拆卸和更换，极大地方便了施工。执行标准：《嵌装式装饰石膏板》（JC/T 800—2007）。

嵌装式装饰石膏板为正方形，其棱边断面形式有直角形和倒角形。产品分为普通嵌装式装饰石膏板和吸声用嵌装式装饰石膏板两种。规格为：边长 $600mm \times 600mm$，边厚大于 $28mm$；边长 $500mm \times 500mm$，边厚大于 $25mm$。

嵌装式装饰石膏板主要用于吸声要求较高的建筑装饰，如影剧院、宾馆、礼堂、音乐厅、会议室、展厅等。

1.3.3 石膏艺术装饰制品

石膏艺术装饰制品是采用优质建筑石膏粉为基料，以纤维增强材料、胶粘剂等，与水拌制成均匀的料浆，浇注在具有各种造型、图案、花纹的模具内，经硬化、干燥、脱模而成。

1. 浮雕艺术石膏线板、线角、花角

浮雕艺术石膏线板、线角、和花角（图1-13～图1-16）多用高强石膏或加筋建筑石膏制作，用浇注法成型，其表面呈现雕花型和弧型。用于宾馆、饭店、写字楼和居民住宅的吊顶装饰，具有表面光洁、颜色洁白高雅、花型和线条清晰、立体感强、尺寸稳定、强度高、无毒、防火、施工方便等优点，是一种造价低廉、装饰效果好、调节室内湿度和防火的理想装饰装修材料，可直接用粘贴石膏腻子和螺钉进行固定安装。

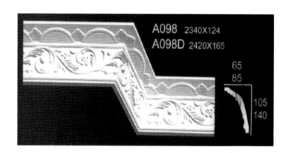

图1-13　艺术石膏线角

图1-14　艺术石膏花饰

图1-15　艺术石膏阴阳角

图1-16　艺术石膏花饰线板

2. 石膏花饰、壁挂、花台

石膏花饰是按设计图案先制作阴模（软模），然后浇入石膏麻丝料浆成型，经硬化、脱模、干燥而成的一种装饰板材，板厚一般为15～30mm。石膏花饰的花型图案、品种规格很多，表面可为石膏天然白色，也可以制成描金或象牙白色、暗红色、淡黄色等多种彩绘效果。用于建筑物室内顶棚或墙面装饰。建筑石膏还可以制作成浮雕壁挂，表面可涂饰不同色彩的涂料，如图1-17、图1-18所示。

图1-17　艺术石膏花饰造型

图1-18　艺术石膏壁挂

3. 装饰石膏柱、石膏壁炉

装饰石膏柱有罗马柱、麻花柱、圆柱、方柱等多种，柱上、下端分别配以浮雕艺术石膏柱头和柱基（图1-19），柱高和周边尺寸由室内层高和面积大小而定。柱身上纵向浮雕条纹，可显得室内空间更加高大。在室内门厅、走道、墙壁等处设置装饰石膏柱，丰富了室内的装饰层次，给人欧式装饰艺术和风格的享受。

图1-19　石膏柱

装饰石膏壁炉更是增添了室内墙体的观赏性，使人置身于一种中西方文化和谐统一的艺术氛围之中，糅合精湛华丽的雕饰，达到美观、舒适与实用的效果。

第 2 章 石　　材

自古以来，石材就是最主要的建筑材料之一，人类应用石材创造了辉煌的建筑艺术和文明。而今，石材成为名牌、精品的代名词，从室内到室外，从广场到园林，石材以它独有的特质越来越多地受到人们的青睐。

2.1　石材的基本知识

2.1.1　石材的形成与分类

岩石是组成地壳的主要物质成分，也是矿物的集合体，是在地质作用下产生的，是由一种矿物或多种矿物以一定的规律组成的自然集合体。自然界的岩石的种类很多，依据不同的形成条件，岩石大致可分为三类：岩浆岩、沉积岩、变质岩。三者之间的关联如图 2-1 所示。

1. 岩浆岩

岩浆岩又名火成岩，它是指岩浆侵入地壳或喷出地表，经过冷凝后形成的岩石。岩浆岩占据地壳总

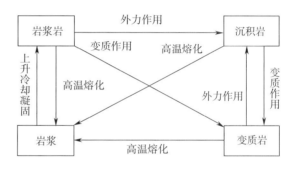

图 2-1　岩浆岩、沉积岩、变质岩三者关联

体积的 65%，常见的花岗石、安山岩、流纹岩、辉绿岩、片麻岩等都属于岩浆岩（图 2-2 ~ 图 2-5）。岩浆岩又分为：

图 2-2　安山岩

图 2-3　花岗岩块石

图2-4　流纹石　　　　　　　　　　　　　　　　　图2-5　片麻岩

（1）深成岩。岩浆进入地壳的部分在地表深处缓慢冷凝结晶，称为深成岩。几乎各种深成岩都是可用的石材产品，而且具有抗冻和耐腐蚀的性质。

（2）浅成岩。岩浆在地表浅处冷却结晶而成的岩石称为浅成岩。其结构致密，但由于冷却较快，故晶粒较小，如辉绿岩。

（3）火山岩。岩浆喷出地表或者在喷出口相对较快冷凝结晶形成的岩石则称为喷出岩，又称火山岩。

2. 沉积岩

沉积岩又称为水成岩，它是前期存在的岩石被风化、侵蚀的产物，在长期压实和胶结作用下形成的。

沉积岩是地表常见的岩石，在沉积岩中蕴藏着大量的沉积岩矿产，比如煤、石油、天然气等。沉积岩多为层状结构，有美丽花纹，与岩浆岩相比，它的致密度较差、表观密度较小、强度低，耐腐蚀、耐久性较差。常见的沉积岩有角砾岩、砾岩、砂岩、粉砂岩、泥岩及页岩、石灰岩等，如图2-6、图2-7所示。

图2-6　页岩石屋顶　　　　　　　　　　　　　　　　图2-7　角砾岩

3. 变质岩

存在地壳中的岩石，比如岩浆岩、沉积岩，当受到地质深处的高温高压作用时，使原来岩石的成分、结构、构造等发生改变而形成的岩石，如图2-8、图2-9所示。

图 2-8　大理石原石

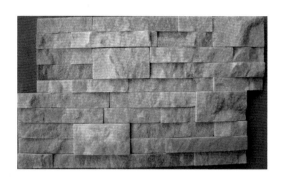

图 2-9　天然石英石墙面

沉积岩形成的变质岩，它的性能会得到提升。如石灰岩和白云岩变质后成为大理石；砂岩变质成为石英石。变质后的岩石都比原来的岩石坚固耐用。但是深成岩经变质产生的片状构造，性能会有所下降。比如花岗石变质成片麻岩，会分层剥落。

2.1.2　石材的主要性能

1. 表观密度

天然石材按其表观密度大小分为重石和轻石两类。表观密度大于 $1800kg/m^3$ 的为重石，主要用于建筑的基础、贴面、地面、路面、房屋外墙、挡土墙、桥梁以及水工构筑物等；表观密度小于 $1800kg/m^3$ 的为轻石，主要用作墙体材料，如采暖房屋外墙等。

2. 抗压强度

天然岩石是以 $100mm \times 100mm \times 100mm$ 的正方体试件，用标准试验方法测得的抗压强度值作为评定石材强度等级标准。根据《砌体结构设计》（GBJ3）规定，天然石材的强度等级为 MU100、MU80、MU60、MU50、MU40、MU30、MU20、MU15 和 MU10 九个等级。

3. 吸水性

石材吸水性的大小用吸水率表示，其大小主要与石材的化学成分、孔隙率大小、孔隙特征等因素有关。酸性岩石比碱性岩石的吸水性强。常用岩石的吸水率：花岗石小于 0.5%；致密石灰岩一般小于 1%；贝壳石灰岩约为 15%。石材吸水后，降低了矿物的黏结力，破坏了岩石的结构，从而降低石材的强度和耐水性。

4. 抗冻性

石材的抗冻性用冻融循环次数表示，一般有 F10、F15、F25、F100、F200。致密石材的吸水率小、抗冻性好。吸水率小于 0.5% 的石材，认为是抗冻的，可不进行抗冻试验。

5. 耐水性

石材的耐水性用软化系数 K 表示。按 K 值的大小，石材的耐水性可分为高、中、低三等，$K > 0.90$ 的石材为高耐水性石材，$K = 0.70 \sim 0.90$ 的石材为中耐水性石材，$K = 0.60 \sim 0.70$ 的石材为低耐水性石材，一般 $K < 0.8$ 的石材不允许用在重要建筑中。

2.1.3　饰面石材的加工

开采出来的石材需送往加工厂，按照设计所需要的规格及表面肌理，加工成各类板材及一些特殊规格形状的产品。石材加工的程序：锯割加工—研磨抛光—切断加工—凿切加工—烧毛加工—辅助加工及检验修补。

（1）锯割加工。锯割加工是用锯石机将荒料锯割成毛板（一般厚度为 20mm 或 10mm），或条状、块状等形状的半成品。该工序属粗加工工序。

（2）研磨抛光。研磨抛光的目的是将锯好的毛板进一步加工，使其厚度、平整度、光泽度达到要求。该工序首先需要粗磨校平，然后逐步经过半细磨、细磨、精磨及抛光，把石材的颜色纹理完全展示出来。

（3）切断加工。切断加工是用切割机将毛板或抛光板按所需规格尺寸进行定形切割加工。

（4）凿毛。此加工方法分为手工和机具与手工相结合法，传统的手工雕凿法耗人力、周期长，但加工出的制品表面层次丰富、观赏性强；而机具雕凿法提高了生产规模和效率。

（5）火焰烧毛。用火焰喷射器将锯切后的板材表面烧毛，使其恢复天然表面，再用钢丝刷刷掉表面碎片，再用研磨机研磨，使表面色彩和触感达到装饰的要求。常用于花岗石类板材的加工。

（6）辅助加工。辅助加工是将已切齐、磨光的石材按需要磨边、倒角、开孔洞、钻眼、铣槽、铣边等。

（7）检验修补。天然石材难免有裂缝、孔洞等瑕疵，而且在加工过程也难免会有一些磕碰，出现一些小缺陷。所以在加工完成后所有的花岗石板材都需要检验，首先要通过清洗，然后是吹干检验，对于一些缺陷不严重制品可以进行修补，从而减少废品率。

2.2 天然大理石

2.2.1 天然大理石的概念

大理石是大理岩的俗称，因云南大理盛产大理石而命名。它是石灰岩经过地壳内高温高压作用形成的变质岩，常呈层状结构，有明显的结晶和纹理，主要矿物为方解石和白云石，它属于中硬石材，如图 2-10、图 2-11 所示。

图 2-10 天然大理石（白色系）

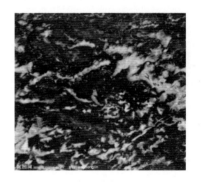

图 2-11 天然大理石（红色系）

商业上所说的大理石是指以大理岩为代表的一类装饰石材，包括碳酸盐岩和与其有关的变质岩，主要成分为碳酸盐，一般质地较软。如石灰岩、白云岩、鲕状灰岩、竹叶片灰岩、叠层状灰岩、生物碎屑灰岩、蛇纹石化大理石等，它们的力学性能有较大差异。

2.2.2 天然大理石的性能特点

1. 优点

（1）结构致密，抗压强度高，加工性好，不变形。天然大理石质地致密而硬度不大，其莫氏硬度在50左右，故大理石较易进行锯解、磨光等加工。

（2）装饰性好。纯大理石为雪白色，当含有氧化铁、石墨、锰等杂质时，可呈米黄、玫瑰红、浅绿、灰、黑等色调，磨光后，光泽柔润，绚丽多彩。浅色天然大理石板的装饰效果庄重而清雅，深色大理石板的装饰效果华丽而高贵。

（3）吸水率小、耐腐蚀、耐久性好。

2. 缺点

（1）硬度较低，如在地面上使用，磨光面易损坏，其耐用年限一般在30~80年。

（2）抗风化能力差，除个别品种大理石，如汉白玉、艾叶青等可用于室外，其他都不宜用于建筑物外墙面和其他露天部位的装饰。因为城市工业中所产生的二氧化硫与空气中的水分接触产生亚硫酸、硫酸等所谓酸雨，与大理石中的碳酸钙反应，生成二水石膏，发生局部体积膨胀，从而造成大理石表面强度降低，变色掉粉，很快失去表面光泽甚至出现斑点等现象而影响其装饰性能。

2.2.3 天然大理石的品种及用途

1. 天然大理石的品种

天然大理石的品种繁多，石质细腻，光泽柔润，绚丽多彩，主要有云灰、白色和彩色三类，如图2-12~图2-14所示。

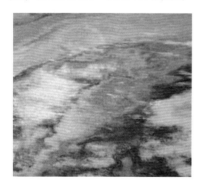　　　　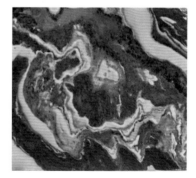

图2-12　云灰大理石　　　　　图2-13　白色大理石　　　　　图2-14　彩色大理石

（1）云灰大理石以其多呈云灰色或云灰色的底面上泛起一些天然的云彩状花纹而得名。云灰大理石加工性能优良，易进行锯解、磨光，是理想的建筑装饰饰面石材。

（2）白色大理石因其晶莹纯净，洁白如玉，熠熠生辉，故又称为巷山白玉、汉白玉和白玉，是大理石的名贵品种，是重要建筑物的高级装饰材料。虽全国许多地方都有汉白玉，但以北京房山的最负盛名。

（3）彩色大理石产于云灰大理石之间，是大理石的精品，表面经过研磨、抛光，便呈现色彩斑斓、千姿百态的天然图画，为世界所罕见，如呈山水林木、花草鱼虫、云雾雨雪、珍禽异兽、奇岩怪石等，如图 2-15 所示。

图 2-15 有各种山水图案的大理石

2. 大理石的用途

（1）因为大理石板材价格高，属高档装饰材料，一般常用于宾馆、展览馆、影剧院、商场、机场、车站等公共建筑的室内墙面、柱面、栏杆、窗台板、服务台面等部位。由于大理石的耐磨性相对较差，故在人流较大的场所不宜作为地面装饰材料，如图 2-16、图 2-17 所示。

图 2-16 大理石墙柱面的应用   图 2-17 地面的应用

（2）常用于加工碑、塔、雕像等纪念性建筑物，如图 2-18、图 2-19 所示。

图 2-18 大理石人像雕塑   图 2-19 大理石石雕

（3）也可制作各种大理石石雕工艺品如壁画，大理石还是家具镶嵌的珍贵材料，如图 2-20、图 2-21 所示。

（4）由于大理石耐高温性极好，可作为橱柜的台面（图 2-22），但因大理石遇水打滑，故不能用在厨房和卫生间的地面。大理石开采、加工过程中产生的碎石、边角余料也常用于人造石、水磨石、石米、石粉的生产，可用于涂料、塑料、橡胶等行业的填料。

图 2-20　大理石画

图 2-21　大理石家具台面

图 2-22　大理石橱柜台面

2.2.4　天然大理石的外观质量要求

国家对大理石板材要求很多，如尺寸、厚度、平整度、角度等，我们仅了解一下对大理石面板外观的质量要求，见表 2-1。

表 2-1　大理石面板外观质量要求

序号	项 目	范 围	外观质量要求	
			优等品	一级品
1	磨光面上的缺陷	整个磨光面	不允许有直径超过 1mm 的明显砂眼和划痕	
2	贯穿厚度的裂纹长度	磨光产品表面	允许有不贯穿裂纹	
3		贴面产品贯穿厚度的裂纹长度	不得超过其顺延长度的 20%，且距板边 60mm 范围内，不得有平行板边的贯穿裂纹	不得超过其顺延长度的 40%
4	棱角缺陷	在一块产品中： 正面棱 正面角 底面棱角 棱角深度	不允许的缺陷范围： 长×宽 >2mm×6mm 之积 长×宽 >2mm×2mm 之积 长×宽 >40mm×10mm 之积 深度 >板材厚度的 1/4	不允许的缺陷范围： 长×宽 >3mm×8mm 之积 长×宽 >3mm×3mm 之积 长×宽 >40mm×15mm 之积 深度 >板材厚度的 1/2

（续）

序号	项 目	范 围	外观质量要求	
			优等品	一级品
4	棱角缺陷	产品安装后被遮盖部位的棱角缺陷	不得超过被遮盖部位的1/2	
		两个磨光板面相临的棱角	不允许有缺陷	
5	黏结与修补	整体范围内	允许有，但处理后正面不得有明显痕迹，花色要相近	
6	色调与花纹	定型产品	以50~100m² 为一批，色调花纹应基本调和，不得与标准样板的颜色、特征有明显差异	
		非定性配套产品	每一部位色调深浅应逐渐过度，花纹特征基本调和，不得有突然变化	

2.3 天然花岗石

2.3.1 天然花岗石的概念

花岗石属于深成岩，是岩浆中分布最广的岩石，其主要矿物组成为长石、石英和少量云母及暗色矿物。其中长石含量为40%～60%，石英含量为20%～40%。商业上所说的花岗石是以花岗石为代表的一类装饰石材，包括各种岩浆岩和花岗石的变质岩，如辉长岩、闪长岩、辉绿岩、玄武岩、安山岩、正长岩等，一般质地较硬，如图2-23、图2-24所示。

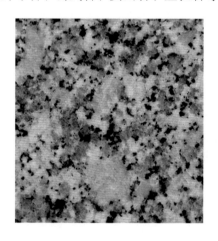

图2-23 花岗石-大白花

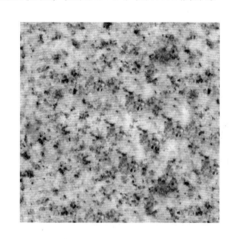

图2-24 花岗石-锈石

2.3.2 天然花岗石的性能特点

1. 优点

（1）结构致密，抗压强度高。

（2）材质坚硬，耐磨性很强，莫氏硬度为 80～100，具有优异的耐磨性。

（3）孔隙率小，吸水率极低，耐冻性强。抗冻性指标在 F100～F200 以上。

（4）装饰性好。经磨光处理的花岗石板，质感坚实，晶格花纹细致，色彩斑斓，有华丽高贵的装饰效果。

（5）化学稳定性好，抗风化能力强。

（6）耐腐蚀性等耐久性很强。粗粒花岗石使用年限可达 100～200 年，优质细粒花岗石使用年限可达 500～1000 年以上，有"石烂千年"之称。

2. 缺点

（1）自重大，用于房屋建筑与装饰会增加建筑物的质量。

（2）硬度大，给开采和加工造成困难。

（3）质脆，耐火性差，当温度达到 800℃ 以上时，由于花岗石中所含石英发生晶型转变，造成体积膨胀，导致石材爆裂，失去强度。

（4）某些花岗石含有微量放射性元素，应根据花岗石石材的放射性强度水平确定其应用范围。

2.3.3 天然花岗石的品种及用途

我国花岗石资源极为丰富，储量大，分布地域广阔，花色品种达 150 种以上。我国花岗石主要有北京的白虎涧，济南的济南青，青岛的黑色花岗石，四川石棉的石棉红，湖北的将军红，山西灵丘的贵妃红等品种，如图 2-25～图 2-30 所示。

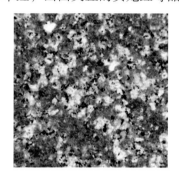

图 2-25　国产花岗石枫叶红　　　图 2-26　国产花岗石桃花红　　　图 2-27　国产花岗石将军红

图 2-28　进口花岗石印度红　　　图 2-29　进口花岗石印度绿　　　图 2-30　进口花岗石蓝珍珠

天然花岗石属于高级建筑装饰材料，主要应用于大型公共建筑或装饰等级要求较高的室内外装饰工程。花岗石的加工和大理石一样，板材表面可加工成剁斧板、机刨板、粗磨板和磨光板。

剁斧板：表面粗糙、有规律的条纹状，给人一种粗犷、朴实、自然、浑厚、庄重的感觉。主要用在室外地面、台阶、基座。

机刨板：表面平整、条纹平行。用在室外地面、台阶、基座、踏步等。

粗磨板：表面光滑无光泽。常用墙面、柱面、纪念碑、台阶、基座等。

磨光板：表面光亮、质感细腻、晶体裸露。用于室内外地面、柱面、墙面、广场地面等。

2.3.4 天然花岗石的外观质量要求

国家对花岗石板材要求很多，如尺寸、厚度、平整度、角度、放射性等，我们仅了解一下对天然花岗石板材正面的外观缺陷规定，见表2-2。

表2-2 天然花岗石板材正面的外观缺陷规定

名称	规定内容	优等品	一等品	合格品
缺棱	长度不超过10mm（长度小于5mm不计），周边每米长（个）	不允许	1	2
缺角	面积不超过5mm×2mm（面积小于2mm×2mm不计），每块板（个）			
裂纹	长度不超过两端顺延板边，总长度的1/10（长度小于20mm的不计），每块板			
色斑	面积不超过20mm×30mm（面积小于15mm×15mm不计），每块板（条）			
色线	长度不超过两端顺延至板边总长度的1/10（长度小于40mm的不计），每块板		2	3
坑窝	粗面板材的正面出现坑窝	不明显	出现，不影响使用	

2.3.5 天然石材板材的检测及质量评价

天然石材板材的检测是通过以下几方面来做出质量评价的：

（1）外观质量。包括色差、外观缺陷（如花岗石板材的外观缺陷有：缺棱、缺角、裂纹、色斑、色线、坑窝；大理石板材有翘曲、凹陷、污点、色斑等外观缺陷）缺陷的检测方法是：将板材平放在地面上，距板材1.5m处明显可见的缺陷视为有缺陷；距板材1.5m处不明显，但在1m处可见的缺陷视为无明显缺陷；距板材1m处看不见的缺陷视为无缺陷。若超出了国家标准规定的范围，即为不合格品。

（2）镜面光泽度。对于镜面板材是一个非常重要的指标。光泽度是指饰面板材表面对可见光的反射程度，又称镜面光泽度。天然花岗石板材标准规定：镜面板材的正面应具有镜面光泽，能清晰地反映出景物。新修订的天然花岗石板材国家标准中，已将光泽度最低值提高到了80光泽单位。标准规定的光泽度最低值是一个基本值，大部分花岗石板材的光泽度值在80~90光泽单位时，才具有良好的镜面光泽。

（3）加工质量。直接影响石材饰面的装饰效果，也是石材等级划分的主要依据。技术指标分别为规格尺寸偏差（长度偏差、宽度偏差、厚度偏差）、平面度公差、角度公差。施工时为保证装饰面平整、接缝整齐，国家标准规定了板材的长度、宽度、厚度的偏差以及板材表面平整度、正面与侧面角度的极限公差。注意每批产品中，如果是优等品则不允许有超过 5% 的一等品存在，如果是一等品则不允许有超过 10% 的合格品存在，如果是合格品则不允许有超过 10% 的不合格品存在。

（4）物理性能指标。评价石材质量时除考虑装饰性能外，还应考虑其他质量指标，如抗压强度、抗折强度、耐久性、抗冻性、耐磨性、硬度等，它是反映天然石材材质本身的重要指标，检测试验一般只能在专业的质检中心进行。这些理化性能指标优良的石材，在使用过程中才能很好地抵抗各种外界因素的影响，保证石材装饰面的装饰效果和使用寿命。

（5）放射性。天然石材的放射性是天然形成的，而非后天加工所致。其放射性水平相差很大。经检验表明，绝大多数天然石材中所含放射物质的剂量很小，一般不会危及人体健康。但有部分花岗石产品放射性物质含量超标，在长期使用过程中会对环境造成污染，因此有必要加以控制。家居装饰时应选用 A 类产品，而不能选用 B 类和 C 类产品。此外，在购买石材时，不要忘记索要产品放射性检测合格证，只有认真对待这个新课题，装修所使用的石材才不会成为美丽的杀手。

总之，评价石材质量优劣时，不能仅局限于某一方面的内容，应从总体上去评价，既要考虑其装饰性能，还应考虑其使用性能。

2.3.6　天然石材板材的选购

一观，即肉眼观察石材的表面结构。一般来说，均匀的细料结构的石材具有细腻的质感，为石材之佳品；粗粒及不等粒结构的石材其外观效果较差。另外，石材由于地质作用的影响常在其中产生一些细微裂缝，石材最易沿这些部位发生破裂，应注意甄别。至于缺棱角更是影响美观，选择时尤应注意，如图 2-31、图 2-32 所示。

图 2-31　观大理石的缝隙

图 2-32　观大理石的缝隙（局部放大）

二量，即量石材的尺寸规格，以免影响拼接，或造成拼接后的图案、花纹、线条变形，影响装饰效果，如图 2-33 所示。

三听，即听石材的敲击声音。一般而言，质量好的石材其敲击声清脆悦耳；相反，若石材内部存在轻微裂隙或因风化导致颗粒间接触变松，则敲击声粗哑。

四试，即用简单的试验方法来检验石材的质量好坏。通常在石材的背面滴上一小滴墨

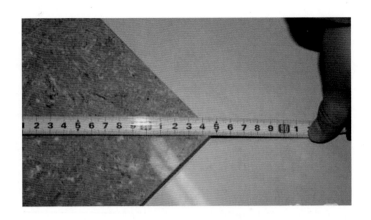

图 2-33　量大理石板材的尺寸

水，如墨水很快四处分散浸出，即表明石材内部颗粒松动或存在缝隙，石材质量不好；反之，若墨水滴在原地不动，则说明石材质地好。

2.4　人造石材

人造石材是以不饱和聚酯树脂为粘结剂，配以天然大理石或方解石、白云石、硅砂、玻璃粉等无机物粉料，以及适量的阻燃剂、颜料等，经配料混合、瓷铸、振动压缩、挤压等方法成型固化制成的。它质量轻、强度高、耐腐蚀、耐污染、施工方便、花纹图案可根据需要人为控制，人造石材现在已越来越多地用于建筑装饰工程中。

2.4.1　人造石材的分类

按生产所用材料及生产方法的不同，人造石材一般可以分为以下几类：

1. 水泥型人造石材

水泥型人造石材俗称水磨石，在我国应用已非常广泛。它是以水泥为粘结剂，砂为细骨料，碎大理石、花岗石、工业废渣等为粗骨料，经配料、搅拌、成型、加压蒸养、磨光、抛光等工序而制成。具有表面光泽度高、花纹耐久、抗风化、耐火性、防潮性能优于一般的人造大理石，如图 2-34、图 2-35 所示。

图 2-34　水磨石地面

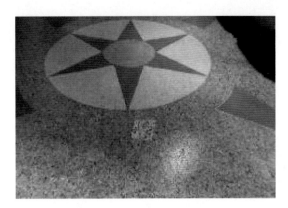

图 2-35　水磨石地面拼花

水泥型人造石材取材方便，价格最低廉，但抗腐蚀性能较差，施工工艺复杂，现在应用较少。

2. 树脂型人造石材

它是以天然大理石、花岗石、方解石粉或其他无机填料与不饱和聚酯树脂、催化剂、固化剂、染料或颜料按一定比例混合搅拌，再成型固化，并进行表面处理和抛光等工序制成的，如图2-36所示。

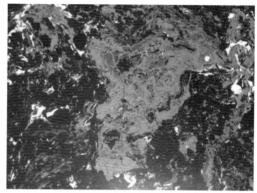

我国多用此法生产人造大理石，是模仿大理石的表面纹理加工而成的，具有类似大理石的机理特点，并且花纹图案可由设计者自行控制确定，重现性好；而且人造大理石质量轻，强度高，厚度薄，耐腐蚀性好，抗污染。有较好的可加工性，能制成不同的形状，如弧形、曲面等形状，施工方便，价格相对较高一些。

图2-36 人造大理石

3. 复合型人造石材

复合型人造石材，是指该种石材的胶结料中既有无机胶凝材料，又采用了有机高分子材料。它是先用无机胶凝材料将碎石、石粉等骨料胶结成型并硬化后，再将硬化体浸渍于有机单体中，使其在一定条件下聚合而成。若为板材，底层用低廉而性能稳定的无机材料，面层用树脂和大理石粉制作。无机胶凝材料可用快硬水泥、超快硬水泥、白水泥、普通硅酸盐水泥、铝酸盐水泥、矿渣水泥、粉煤灰水泥及熟石膏等。有机单体可用苯乙烯、甲基丙烯酸甲酯、醋酸乙烯、丙烯腈、二氯乙烯、丁二烯、异戊二烯等。这些单体可以单独使用，也可与聚合物混合使用。复合型人造石材具有良好的性能，而且价格低，如图2-37所示。

4. 烧结型人造石材

这种类型的人造石材的生产工艺与陶瓷的生产工艺相似，是将斜长石、石英、辉石、石粉及赤铁矿粉和高岭土等混合，一般用40%的黏土和60%的矿粉制成泥浆后，采用注浆法制成坯料，再用半干压法成型，经1000℃左右的高温焙烧而成，如图2-38所示。

图2-37 复合型人造石材

图2-38 烧结型人造石材

5. 微晶玻璃型人造石材

微晶玻璃又称微晶石、玉晶石、玻化砖，是一种新型的绿色环保建筑装饰材料。是玻璃、陶瓷、石材"三和一"产品。微晶石是坯料在1230℃以上的高温下，进行控制晶化而制得的一种含有大量微晶体的多晶固体材料。其结构、性能及生产方法同玻璃和陶瓷都有所不同，其性能集中了两者的特点，成为一类独特的材料，如图2-39所示。

微晶石具有良好的美感、质感、板面平整洁净、色调均匀一致，纹理清晰雅致，光泽柔和晶莹，色彩绚丽璀璨，质地坚硬细腻，不吸水，防污染，耐酸碱抗风化，绿色环保、无放射性污染等优良的理化性能，这些都是天然石材所不可比拟的。可广泛适用于建筑物外墙、内墙粘贴或地面铺设等，如图2-40所示。

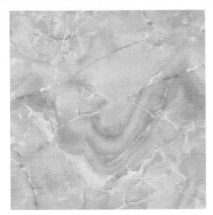

图2-39　微晶石

图2-40　微晶石的地面应用

2.4.2　人造石材的特点

人造石材具有良好的美感质感、板面平整洁净、色调均匀一致，纹理清晰雅致，光泽柔和晶莹，色彩绚丽璀璨，质地坚硬细腻，不吸水防污染，耐酸碱抗风化，绿色环保、无放射性污染等优良的理化性能，这些都是天然石材所不可比拟的。

1. 优点

（1）健康、环保。在原材料的采购上，经过筛选、剔除天然石中含有辐射元素。加入不饱和聚酯树脂，这种树脂不含有对人体有害的甲醛元素，属于环保树脂，在安装、铺贴上，人造石材可以直接铺贴在与人接触密切的卧室。

（2）色差可控。花纹颜色稳定，平整度高，适合大面积铺贴。

（3）易加工。产品密实度高，结构均匀细腻，可以加工成各种异型饰件。

（4）易翻新。耐磨性能好，可多次翻新，装饰效果持久恒新。

（5）抗污性能好。产品经过高压振动成型，无气孔，低吸水率，防渗透，不滋生细菌。

（6）花色丰富、纹理细腻。花纹调配性强，产品品种多样，可满足各种不同装饰风格的需要。

（7）抗折强度高。

（8）人造石材运输时不需要用背网，大面积铺贴不用排版对色，可以按照客户的不同喜好，调制不同的色调和花纹等。

2. 缺点

（1）不能在紫外线下使用。

（2）高温、高湿环境下慎用。

（3）硬度低。

（4）耐酸、碱性能差。

2.4.3 人造石材与天然石材的区别

（1）人造石材花纹无层次感，因层次感是仿造不出来的。

（2）人造石材花纹、颜色是一样的，无变化。

（3）人造石材板背面有模衬的痕迹。

（4）天然石材染色（加物）如何识别：

1）染色石材颜色艳丽，但不自然。

2）在板的断口处可看到染色渗透的层次。

3）染色石材一般采用石质不好、孔隙度大、吸水率高的石材，用敲击法即可辨别。

4）染色石材同一品种光泽度都低于天然石材。

5）涂机油以增加光泽度的石材其背面有油渍感。

第 3 章 陶 瓷

陶瓷是几千年来我国劳动人民智慧的结晶，英文中的"China"既有中国的意思，又有陶瓷的意思，清楚地表明了中国就是"陶瓷的故乡"。陶瓷自古以来就与我国人民的生活息息相关，也被作为重要的建筑装饰材料。随着科学技术的发展，出现了许多新的陶瓷品种，陶瓷的含义实际上已远远超越过去狭窄的传统观念了。

3.1 陶瓷的基本知识

3.1.1 陶瓷的概念与分类

陶瓷是陶器与瓷器的总称。它们虽然都是由黏土和其他材料经烧结而成，但所含杂质不同，陶含杂质量大，瓷含杂质量小或无杂质，而且其制品的坯体以及断面均不同。介于陶和瓷之间的一种材料叫作炻（shí）。因此根据陶瓷制品的特点，陶瓷可分为陶、炻、瓷三大类。

从产品的种类来说，陶器其质坚硬，吸水率大于10%，密度小，断面粗糙无光，不透明，敲之声音粗哑，有的无釉，有的施釉。瓷器的坯体致密，基本不吸水，强度比较高，且耐磨性好，有一定的半透明性，通常都施有釉层（某些特种瓷也不施釉，甚至颜色不白），但烧结程度很高。炻器与陶器的区别在于陶器坯体是多孔的，而炻器坯体的气孔率却很低，其坯体致密，达到了烧结程度，吸水率通常小于2%；炻器与瓷器的主要区别是炻器坯体多数都带有颜色且无半透明性。

陶器又分为粗陶和精陶两种。粗陶坯料一般由一种或一种以上的含杂质较多的黏土组成，有时还需要掺用瘠性原料或熟料以减少收缩。建筑上所用的砖瓦以及陶管、盆、罐和某些日用缸器均属于这一类。精陶通常两次烧成，素烧的最终温度为 1250～1280℃，釉烧的温度为 1050～1150℃。精陶按其用途不同可分为建筑精陶（如釉面砖），美术精陶和日用精陶。

炻器按其坯体细密性、均匀性以及粗糙程度分为粗炻器和细炻器两大类。建筑装饰用的外墙砖、地砖以及耐酸化工陶瓷、缸器均属于粗炻器；日用炻器和陈设品则属于细炻器。宜兴紫砂陶即是一种不施釉的有色细炻器。通常生产细炻器的工艺与瓷器相近，只是细炻器坯料中黏土用量较多，对杂质含量的控制不及瓷器严格，熔剂长石的用量比瓷器少得多。炻器的机械强度和热稳定性优于瓷器，且可采用质量较劣的黏土，因而成本也较瓷器低廉。

3.1.2 陶瓷的原料和基本工艺

1. 陶瓷原料

陶瓷原料主要来自岩石及其风化物黏土，这些原料大体都是由硅和铝构成的。其中主要包括：

石英：化学成分为二氧化硅。这种矿物可用来改善陶瓷原料过黏的特性。

长石：是以二氧化硅及氧化铝为主，又含有钾、钠、钙等元素的化合物。

高岭土：高岭土是一种白色或灰白色有丝绢光泽的软质矿物，以产于我国江西景德镇附近的高岭而得名，其化学成分为氧化硅和氧化铝；高岭土又称为瓷土，是陶瓷的主要原料。

釉：釉也是陶瓷生产的一种原料，是陶瓷艺术的重要组成部分，釉是涂刷并覆盖在陶瓷坯体表面的，在较低的温度下即可熔融液化并形成一种具有色彩和光泽的玻璃体薄层的物质。它可使制品表面变得平滑、光亮、不吸水，对提高制品的装饰性、艺术性、强度，提高抗冻性，改善制品热稳定性、化学稳定性具有重要意义。

釉料的主要成分也是硅酸盐，同时采用盐基物质作为媒溶剂，盐基物质包括氧化钠、氧化钾、氧化钙、氧化镁、氧化铅等。另外釉料中还采用金属及其氧化物作为着色剂，着色剂包括铁、铜、钴、锰、锑、铅以及其他金属。

2. 陶瓷的基本工艺

陶瓷的生产包括如下工艺过程：原料的预处理（包括原料的储存、风化、洗选、干燥等），准确配料、破碎、挤练、成型、制坯、干燥、入窑焙烧、出窑检验等工序。

3.2 陶瓷装饰面砖

陶瓷装饰面砖是最常用的墙面、地面装饰材料。它分类很多，常见的有：

按装饰位置分类：地砖、内墙砖、外墙砖、腰线、踢脚板、楼梯砖等。

按工艺不同分类：平面、麻面、毛面、磨光面、抛光面、仿天然石面、仿木纹面、仿金属光泽面等。

按表面施釉分类：无釉砖和彩色釉面砖。

按装饰效果分类：普通砖、艺术砖、文化石、仿古砖等。

3.2.1 彩色釉面墙地砖

彩色釉面陶瓷砖简称彩釉砖。它是以陶土为主要原料，配料制浆后，经半干压成型、施釉、高温焙烧制成的饰面陶瓷砖。彩釉砖结构致密，抗压强度较高，坚固耐用，防水、耐腐蚀，易清洁；它表面可施于美观艳丽的釉色和图案，所以色彩图案丰富多彩；其表面质感还可通过配料和工艺不同制作成多种品种，如平面、麻面、抛光面、仿木纹等；彩釉砖具有极强的装饰性和耐久性，广泛应用于各类建筑物的外墙、柱和地面的饰面。

1. 麻面砖

麻面砖是采用仿天然岩石色彩的配料，压制成表面凹凸不平的麻面坯体后，经一次烧成的炻质面砖。砖表面似人工凿雕天然岩石，纹理自然、粗犷质朴，有灰、暗红等各种色调，如图3-1、图3-2所示。麻面砖主要用于建筑外墙、广场等。

2. 仿古砖

仿古砖是通过颜色、样式、图案等仿造古典做旧，体现岁月的沧桑、历史的厚重，营造古典韵味。仿古砖也是由坯体和釉面两部分所组成，是在坯体表面施釉经高温高压烧制而成。仿古砖古朴典雅，常被人们用于厨房、餐厅、咖啡厅、酒吧等墙面和地面的装饰中，如图3-3、图3-4所示。

图 3-1　凸凹感较弱麻面砖

图 3-2　凸凹感较强的麻面砖

图 3-3　仿古砖

图 3-4　仿古砖地面应用

3. 渗花砖

渗花砖是利用呈色较强的可溶性无机化工原料，经过适当的工艺处理，采用丝网印刷方法将预先设计好的图案印刷到瓷质坯体上，依靠坯体对渗花釉的吸附和助溶剂对坯体的润湿作用，渗入到坯体 2mm 以上，经高温烧制，磨光或抛光表面而成。渗花砖强度高、吸水率低、耐酸碱、抗冷性高，特别是已渗到坯体的色彩图案具有良好的耐磨性，用于铺地经长期磨损而不脱落、不褪色，如图 3-5、图 3-6 所示。

图 3-5　渗花砖

图 3-6　渗花砖在餐厅地面的使用

4. 金属光泽釉面砖

金属光泽釉面砖采用了一种新的彩饰方法，即釉面砖表面热喷涂着色工艺，使砖表面呈现金、银等金属光泽，如图 3-7、图 3-8 所示。

图 3-7 金属光泽釉面砖　　　　　　图 3-8 金属光泽釉面砖的视觉效果

特点：具有光泽耐久、质地坚韧、网纹淳朴、赋予墙面装饰静态的美，还有良好的热稳定性、耐酸性、易于清洁、装饰效果好等性能。

用途：金属光泽釉面砖是一种高级墙体饰面材料，可给人以清新绚丽，金碧辉煌的特殊效果。适用于高级宾馆、饭店以及酒吧、咖啡厅等娱乐场所的内墙装饰，其特有的金属光泽和镜面效果，使人在雍容华贵中享受到浓郁的现代气息，如图 3-9、图 3-10 所示。

图 3-9 金属光泽釉面砖使用在餐厅地面　　　图 3-10 金属光泽釉面砖使用在吧台与地面

3. 2. 2　无釉陶瓷墙地砖

无釉陶瓷墙地砖简称无釉砖，是专用铺地的耐磨炻质无釉面砖。是以优质瓷土为主要原料的基料喷雾料加一种或几种着色喷雾料（单色细颗粒）经混匀、冲压、烧结所得的制品。无釉砖再加工后分为抛光和不抛光两种。无釉砖吸水率较低，常分为无釉瓷质砖、无釉炻质砖、无釉细炻砖。

无釉陶瓷地砖颜色以素色和有色斑点为主，表面为平面、浮雕面和防滑面等多种形式。适用于商场、宾馆、饭店、游乐场、会议厅、展览馆等人流较密集的建筑物室内外地面。特别是采用小规格的无釉陶瓷地砖用于公共建筑的大厅和室外广场的地面铺贴，经不同颜色和图案的组合，形成质朴、大方、高雅的风格，同时兼有分区、引导、指向的作用。各种防滑无釉陶瓷地砖也广泛用于民用住宅的室外平台、浴厕等地面装饰，如图 3-11 所示。

3.2.3 玻化墙地砖

玻化墙地砖又称全瓷玻化砖，是坯料在 1230℃ 以上的高温下，进行控制晶化而制得的一种含有大量微晶体的多晶固体材料。其结构、性能及生产方法同玻璃和陶瓷都有所不同，其性能集中了两者的特点，成为一类独特的材料，如图 3-12、图 3-13 所示。

图 3-11　无釉陶瓷墙地砖

玻化墙地砖主要作为高级建筑装饰新材料替代天然石材。与天然石材相比有以下特点：①自然柔和的质地和色泽。②强度大、耐磨性好、质量轻。③吸水性小、污染小。④颜色丰富、加工容易。⑤优良的耐候性和耐久性。⑥原料来源广泛。但也存在不能在紫外线下使用，高温、高湿环境下慎用，耐酸碱性差的缺点。

图 3-12　玻化墙地砖

图 3-13　玻化砖墙地商品

玻化墙类似于天然石材，用作内外墙装饰材料，厅堂的地面和微晶玻璃幕墙等建筑装饰。低膨胀微晶玻璃也用作餐具、炊具等。目前主要规格有 500mm × 500mm、600mm × 600mm、600mm × 900mm、900mm × 1800mm、1000mm × 2000mm 和 1500mm × 3000mm。

3.2.4 劈离砖

劈离砖是将一定配比的原料，经粉碎、炼泥、真空挤压成型、干燥、高温烧结而成。由于成形时为双砖背联坯体，烧成后再劈离成两块砖，故称劈离砖。

劈离砖种类很多，其特点是色彩丰富，颜色自然柔和，表面质感变幻多样，细质的清秀，粗质的浑厚；表面上釉的，光泽晶莹，富丽堂皇；表面无釉的，质朴典雅大方，无反射眩光。

劈离砖按用途分为地砖、墙砖、踏步砖、角砖（异形砖）等各种。劈离砖的主要规格尺寸见表 3-1。

表 3-1　劈离砖的主要规格尺寸　　　　　　　　　　　　　　　　（单位：mm）

240×52×11	194×94×11	194×52×13	190×190×13
240×71×11	120×120×12	194×94×13	150×150×14
240×115×11	240×115×12	240×52×13	200×200×14
240×115×12	240×115×12	240×115×13	300×300×14

劈离砖坯体密实，强度高，其抗折强度≥30MPa；吸水率小，低于6%；表面硬度大，耐磨防滑，耐腐抗冻，冷热性能稳定。背面凹槽纹与黏结砂浆形成楔形结合，可保证铺贴砖时黏结牢固。

劈离砖可用于建筑的内墙、外墙、地面、台阶、地坪及游泳池等建筑部位，厚度大的劈离砖特别适用于公园、广场、停车场、人行道等露天地面的铺设，如图3-14、图3-15所示。

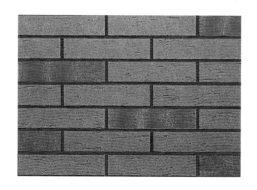

图 3-14　劈离砖

图 3-15　劈离砖在别墅建筑中的使用

3.2.5　陶瓷锦砖

1. 陶瓷锦砖定义

陶瓷锦砖俗称马赛克。是由各种颜色，多种几何形状的小块瓷片（长边一般不大于50mm），铺贴在牛皮纸上，形成色彩丰富、图案繁多的装饰砖，故又称纸皮砖，如图3-16、图3-17所示。

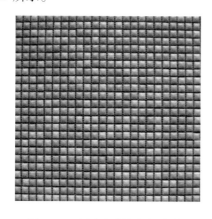

图 3-16　金属质感的陶瓷锦砖

图 3-17　陶瓷锦砖

2. 陶瓷锦砖品种

陶瓷锦砖按表面性质分为有釉、无釉锦砖；按砖联分为单色、拼花两种。

3. 陶瓷锦砖规格

一般做成 18.5mm×18.5mm×5mm、39mm×39mm×5mm 的小方块，或边长为 25mm 的六角形等。这种制品出厂前已按各种图案反贴在牛皮纸上，每张大小约 30cm 见方，称作一联，其面积约 0.093m²，每 40 联为一箱，每箱约 3.7m²，如图 3-18 所示。

4. 陶瓷锦砖样式

由于生产厂家不同，陶瓷锦砖的基本形状、基本尺寸、拼花图案等均可能不同。用户也可向厂家订制。

5. 陶瓷锦砖特点

陶瓷锦砖色泽多样，质地坚实，经久耐用，能耐酸、耐碱、耐火、耐磨，抗压力强，吸水率小，不渗水，易清洗。

6. 陶瓷锦砖的用途

可用于工业与民用建筑的洁净车间、门厅、走廊、餐厅、厕所、浴室、工作间、化验室等处的地面和内墙面，并可作高级建筑物的外墙饰面材料，如图 3-19 ~ 图 3-21 所示。

图 3-18　整联的陶瓷锦砖

图 3-19　陶瓷锦砖用在公共场所应用之一

图 3-20　陶瓷锦砖应用之二

图 3-21　陶瓷锦砖应用之三

3.2.6 内墙釉面砖

1. 釉面砖及其种类

（1）定义。釉面砖就是砖的表面经过烧釉处理的砖。其结构由坯体和表面釉彩层两部分组成。釉面的作用主要是增加瓷砖的美观和起到良好的防污作用，如图3-22、图3-23所示。

图 3-22　釉面砖　　　　　　　　　　　图 3-23　釉面砖的使用

（2）分类。根据原材料的不同，可以分为陶制釉面砖和瓷制釉面砖两大类。陶制釉面砖，由陶土烧制而成，吸水率较高，强度相对较低。其主要特征是背面颜色为红色。瓷制釉面砖，由瓷土烧制而成，吸水率较低，强度相对较高。其主要特征是背面颜色为灰白色。为增强与基层的黏结力，釉面砖的背面均有凹槽纹，背纹深度一般不小于0.2mm，如图3-24～图3-26所示。

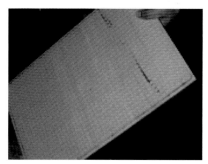

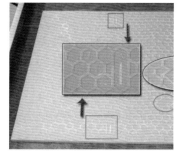

图 3-24　釉面砖背面　　　　图 3-25　釉面砖背面吸水　　　图 3-26　釉面砖背纹

（3）品种。釉面砖按釉面颜色分为单色（含白色）砖、花色砖、图案砖等；按产品形状分为正方形砖、长方形砖及异型配件砖等，如图3-27所示。

根据光泽的不同，釉面砖又可以分为光面釉面砖和亚光釉面砖两类。光面釉面砖适合于制造"干净"的效果；亚光釉面砖，适合于制造"时尚"的效果。

图3-28所示为光洁干净的釉面砖，光的放射性良好，这种砖比较适合于铺贴在厨房的墙面。

图3-29所示为光洁度弱的釉面砖，对光的反射效果差，给人的感觉比较柔和舒适。

图 3-27　各类品种的釉面砖

图 3-28　光洁干净的釉面砖

图 3-29　光洁度弱的釉面砖

2. 釉面砖的规格与样式

（1）规格。釉面砖的尺寸规格很多，有 300mm × 200mm × 5mm、150mm × 150mm × 5mm、100mm × 100mm × 5mm、300mm × 150mm × 5mm 等。常用的釉面砖厚度 5 ~ 8mm，如图 3-30、图 3-31 所示。

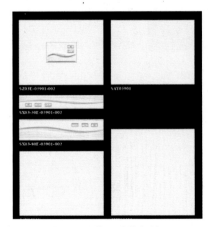

图 3-30　釉面砖的规格

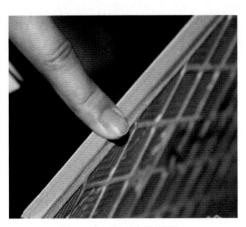

图 3-31　釉面砖的厚度

（2）样式。异形配件砖有阴角、阳角、压顶条、腰线砖、阴三角、阳三角、阴角座、阳角座等，其外形及规格尺寸更多，可根据需要选配，如图3-32、图3-33所示。

图3-32　异形釉面砖

图3-33　釉面砖腰线

3. 釉面砖的特点

具有色泽柔和而典雅、美观耐用、表面光滑洁净、耐火、防水、耐腐蚀、热稳定性能良好等特点，是一种高级内墙装饰材料。用釉面砖装饰建筑物内墙，可使建筑物具有独特的卫生、易清洗和装饰美观的效果，如图3-34、图3-35所示。

图3-34　釉面砖的光亮效果

图3-35　釉面砖的柔和效果

釉面砖的种类及特点见表3-2。

表3-2　釉面砖的种类及特点

种　类		特　点
白色釉面砖		色纯白、釉面光亮、清洁大方
彩色釉面砖	有光彩色釉面砖	釉面光亮晶莹、色彩丰富雅致
	无光彩色釉面砖	釉面半无光、不晃眼、色泽一致、柔和
装饰釉面砖	花釉砖	是在同一砖上施以多种彩釉经高温烧成；色釉互相渗透，花纹千姿百态，装饰效果良好
	结晶釉砖	晶化辉映，纹理多姿
	斑纹釉砖	斑纹釉面，丰富生动
	仿大理石釉砖	具有天然大理石花纹，颜色丰富，美观大方

（续）

种　类		特　点
图案砖	白底图案砖	是在白色釉面砖上装饰各种图案经高温烧成；纹样清晰
	色底图案砖	是在有光或无光的彩色釉面砖上装饰各种图案，经高温烧成；具有浮雕、缎光、绒毛、彩漆等效果
字画釉面砖	瓷砖画	以各种釉面砖拼成各种瓷砖画，或根据已有画稿烧制成釉面砖，拼装成各种瓷砖画；清晰美观，永不褪色
	色釉陶瓷字	以各种色釉、瓷土烧制而成；色彩丰富，光亮美观，永不褪色

4. 釉面砖的用途

由于釉面砖的热稳定性好、防火、防潮、耐酸碱、表面光滑、易清洗，故常用于厨房、浴室、卫生间、实验室、医院等室内墙面、台面等的装饰，如图 3-36、图 3-37 所示。

图 3-36　釉面砖在卫生间使用　　　　　　图 3-37　釉面砖在餐厅使用

釉面砖不能用于外墙和室外，否则经风吹日晒、严寒酷暑，将导致碎裂。釉面砖是多孔的精陶坯体，吸水率约为 18% ~ 21%，在长期与空气的接触过程中，特别是在潮湿的环境中使用，会吸收大量的水分而产生吸湿膨胀的现象。由于釉的吸湿膨胀非常小，当坯体膨胀的程度增长到使釉面处于张应力状态，应力超过釉的抗拉强度时，釉面会发生开裂。

3.3　其他陶瓷制品

3.3.1　陶瓷壁画

1. 定义

陶瓷壁画是陶质壁画与瓷质壁画的总称。这两者的质地区别，在于坯体原料不同，此外，前者烧成温度低、烧结程度差，气孔率大，断面疏松；而后者烧成温度高、烧结程度好，气孔率小，坚硬密实，如图 3-38、图 3-39 所示。

图 3-38　陶瓷壁画形象墙　　　　　　　　　图 3-39　陶瓷壁画浮雕墙

2. 品种

陶瓷壁画釉上、釉中、釉下彩绘壁画；高、中、低温色釉壁画，彩釉堆雕、浮雕、刻雕、镂雕壁画；综合装饰壁画；现代陶艺壁画。

3. 特点

陶瓷壁画具有单块砖面积大、厚度薄、强度高、平整度好、吸水率小、抗冻、耐酸蚀、耐急冷急热、施工方便等优点。

4. 用途

适用于宾馆、酒楼、机场、火车站候车室、会议厅、地铁、隧道等公共设施的装饰，如图 3-40、图 3-41 所示。

图 3-40　陶瓷壁画用在地铁站　　　　　　　图 3-41　陶瓷壁画用在售楼处

3.3.2　建筑琉璃制品

1. 定义

建筑琉璃制品是一种低温彩釉建筑陶瓷制品，既可用于屋面、屋檐和墙面装饰，又可作为建筑构件使用。主要包括琉璃瓦（板瓦、筒瓦、沟头瓦等）、琉璃砖（用于照壁、牌楼、古塔等贴面装饰）、建筑琉璃构件等。具有浓厚的民族艺术特色，融装饰与结构件于一体，集釉质美、釉色美和造型美于一身，如图 3-42、图 3-43 所示。

图 3-42 琉璃墙壁

图 3-43 琉璃建筑配件

2. 品种

建筑琉璃制品的品种分为瓦类、脊类和装饰类三种。

瓦类包括板瓦、滴水瓦、筒瓦和沟瓦；脊类和装饰类包括吻、博古和兽。

3. 样式

建筑琉璃制品属于精陶制品，其品种很多，有琉璃瓦、琉璃砖、琉璃花窗、栏杆饰件，以及琉璃桌、绣墩、花盆、花瓶等琉璃工艺品，如图 3-44 ~ 图 3-49 所示。

图 3-44 琉璃瓦

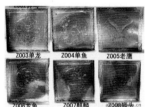
图 3-45 琉璃砖

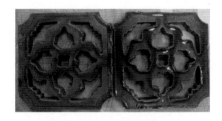
图 3-46 琉璃花窗

图 3-47 琉璃栏杆

图 3-48 琉璃绣墩

图 3-49 琉璃花盆

4. 特点

产品表面光滑，耐污性好，经久耐用。琉璃制品属于高级建筑饰面材料，它表面有多种纹饰，色彩鲜艳，造型各异，古朴而典雅，充分体现出中国传统建筑风格和民族特色。

5. 用途

琉璃瓦因价格昂贵、自重大，故主要用于具有民族色彩的宫殿式房屋，以及少数纪念性建筑物上。另外还常用以建造园林中的亭、台、楼、阁，以增加园林的特色，如图 3-50、图 3-51 所示。

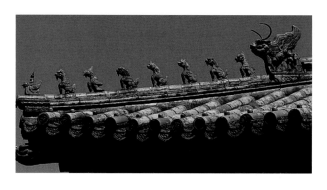 

图 3-50　宫殿屋顶上的配件　　　　　　　　　　图 3-51　佛塔建筑的配件

3.3.3　陶瓷卫生洁具

陶瓷卫生洁具是以磨细的石英粉、长石粉和黏土为主要原料，注浆成型后一次烧制，然后表面施乳浊釉。它具有结构致密、气孔率小、强度大、吸水率小、抗无机酸腐蚀、热稳定性好等特点。现代卫生洁具具有品种多、样式新，色彩丰富，装饰性强等特点。卫生洁具的分类：洗面器、洗涤器、水箱、大便器、小便器、浴缸等，如图 3-52 ~ 图 3-54 所示。

图 3-52　陶瓷坐便器　　　　　　图 3-53　陶瓷浴缸　　　　　　图 3-54　陶瓷洗面盆

3.4　陶瓷产品的选购

3.4.1　外观质量检验要求

外观质量检验主要检查产品规格尺寸和表面质量两项内容，见表 3-3。

表 3-3 陶瓷产品外观质量检验

测试方法	检验内容	检验方式	检验结果
目测检验	产品的破损情况，工作表面质量情况	目测： 1. 外观缺陷：距产品 0.5m 2. 色泽：距产品 1.5m	有以下缺陷者不合格：无光泽、色差、釉面、波纹、橘釉斑点、熔洞、落脏缺陷等
工卡量具测量	检查陶瓷砖的规格尺寸和平整度	常用金属直尺、卡尺与塞规等	1. 砖的规格尺寸、平整度要符合允许偏差要求 2. 检验起泡、斑点、变形、磕碰的缺陷情况
声音判断质量	产品的生烧、裂纹和夹层情况	可用一器物如瓷棒、铁棒敲击产品或两块产品互相轻轻碰击	1. 声音清晰认为没有缺陷 2. 声音混浊、暗哑，有生烧现象 3. 声音粗糙、刺耳，内部有夹层或开裂

3.4.2 产品质量识别实例

质量识别实例——外观测评、规整度测评、硬度测评、吸水测评、耐污测评、耐磨测评、防滑测评、测评总结。

第一步：外观测评

正面手感细腻平滑，朴素而不失庄重。侧面及背面看到瓷砖坯体细腻、均匀，没有气泡及杂质。侧面观察很明显表层有一层釉，表面的釉面较厚，因此禁得起日常使用的考验，如图 3-55、图 3-56 所示。

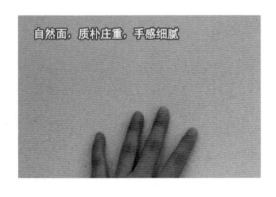

图 3-55　观察表面

图 3-56　观察坯体

第二步：规整度测评

测量各边的长度是否相等，有没有误差，如图 3-57 所示。

测量对角线的长度是否相等，有没有误差，如图 3-58 所示。

第三步：硬度测评

掂一下砖的轻重，同样尺寸的砖，重的要比轻的好。手感比较沉，说明密度比较高。

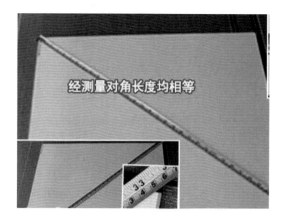

图 3-57　量各边的长度　　　　　　　　　图 3-58　测量对角线的长度

抬起一条边，直接松手下摔，没有任何裂痕，说明硬度不错。致密度越高的瓷砖，其硬度也就越高，质量也越好，如图 3-59、图 3-60 所示。

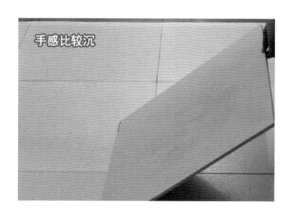

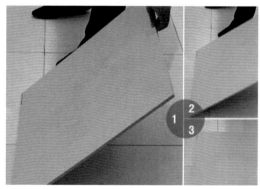

图 3-59　掂砖的轻重　　　　　　　　　　图 3-60　松手下摔

第四步：吸水测评

将水滴在背面，静置 10min，水珠仍保持原来的形状；再将砖倾斜，只见水珠顺势流到地面，可见砖的吸水率比较低，如图 3-61 所示。

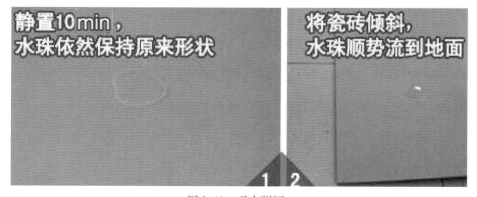

图 3-61　吸水测评

第五步：耐污测评

光砖的亚光釉面相对亮光釉面容易吸脏，但不会渗到釉面内。用油性笔在砖上写字，用湿纸巾就可轻易去除，如图 3-62 所示。

第六步：耐磨测评

用钢丝球擦砖的表面，没有明显的刮痕，钢丝球有被磨损的痕迹，可见砖的耐磨性比较好，如图 3-63 所示。

图 3-62　耐污测评

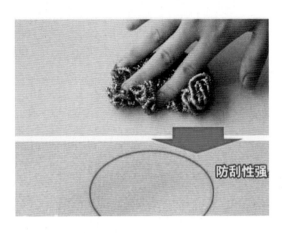

图 3-63　耐磨测评

第七步：防滑测评

倒些水在砖上，穿着高跟鞋在砖上也能行动自如，说明防滑性不错，如图 3-64 所示。

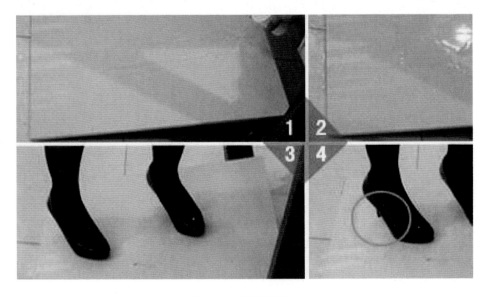

图 3-64　防滑测评

第4章 木　　材

木材是我国传统的建筑材料，我国古代建筑基本均为木结构，古人对木材的应用无论是在技术上还是艺术上都达到很高的水准，形成独特的建筑风格，今天木材作为承重材料早已被钢材和混凝土所替代。由于木材的生长周期长，我国木材的储存量少，所以木材主要应用在建筑装饰中。

木材的优点：轻质高强、易于加工，有较高的弹性和韧性，导热性能低，最重要的是木材以天然花纹，给人以淳朴、亲切的质感，表现出朴实无华的自然美。木材的缺点：由于内部结构不均匀，导致各向异性；干缩湿胀变形大；易腐朽、虫蛀；易燃烧；天然疵点较多等，但随着木材加工和处理技术的提高，这些缺点得到很大程度的改善。

4.1　木材的基本知识

4.1.1　木材的分类

木材是由树木加工而成的，树木分为针叶树和阔叶树两大类，见表4-1。

表4-1　树木的分类和特点

种类	特　　点	用　　途	树　　种
针叶树	树叶细长，成针状，多为常绿树；纹理顺直，木质较软，强度较高，表观密度小；耐腐蚀性较强，胀缩变形小	建筑工程中主要使用的树种，多用作承重构件、门窗等	松树、杉树、柏树等
阔叶树	树叶宽大，叶脉呈网状，大多为落叶树；木质较硬，加工较难，表观密度大，胀缩变形大	常用作内部装饰、次要的承重构件和胶合板等	榆树、桦树、水曲柳等

4.1.2　木材的构造

木材的构造是决定木材性质的主要因素。一般对木材的研究可以从宏观和微观两方面进行。

1. 木材的宏观构造

用肉眼或低倍放大镜所看到的木材组织称为宏观构造。为便于了解木材的构造，将树木切成3个不同的切面：横切面——垂直于树轴的切面；径切面——通过树轴的切面；弦切面——和树轴平行与年轮相切的切面，如图4-1所示。

从图4-1可以看到，树木是由髓心、木质部和树皮等部分组成。

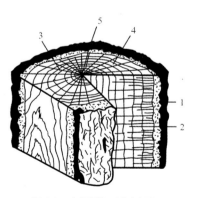

图4-1　树干的三个切面

1—树皮　2—木质部

3—年轮　4—髓线　5—髓心

树皮：树皮是储藏养分的场所和运输叶子制造养分下降的通道，同时可以保护树干。

髓心：髓心是树木最早形成的木质部分，是一种柔软的薄壁细胞组织，常呈褐色或浅褐色。它组织松软，强度低，易于腐朽，故一般不用。但是各种髓心的形状、大小不同，有助于对木材的识别。

木质部：树皮与木材之间有极薄的一层组织称为形成层，形成层与髓心之间的部分称为木质部。木质部是木材的主要部分。

横切面上可以看到深浅相间的同心圆，称为年轮。年轮中浅色部分是树木在春季生长的，由于生长快，细胞大而排列疏松，细胞壁较薄，颜色较浅，称为春材（早材）；深色部分是树木在夏季生长的，由于生长迟缓，细胞小，细胞壁较厚，组织紧密坚实，颜色较深，称为夏材（晚材）。每一年轮内就是树木一年的生长部分。年轮中夏材所占的比例越大，木材的强度越高。

2. 木材的微观构造

在显微镜下所看到的木材组织，称为木材的微观构造，如图4-2所示。

在显微镜下，可以看到木材是由无数管状细胞紧密结合而成，绝大部分管状细胞纵向排列，少数横向排列。每个细胞由细胞壁和细胞腔组成。与春材相比，夏材的细胞壁较厚，细胞腔较小，所以夏材的构造比春材密实。

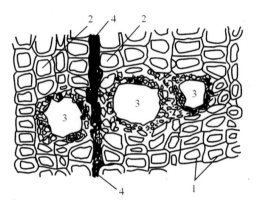

图4-2　显微镜下松木的横切片示意图
1—细胞壁　2—细胞腔
3—树脂流出孔　4—木髓线

4.1.3　木材的物理性质

1. 含水率和吸湿性

（1）木材中的水分。木材中的水可分有三种：

1）自由水。存在于木材细胞腔和细胞间隙中的水分，木材中自由水的变化影响木材的表观密度、燃烧性、干燥性及渗透性。

2）吸附水。吸附在细胞壁内细纤维之间的水分，吸附水含量的变化是影响木材强度和胀缩变形的主要因素。

3）结合水。形成细胞化学成分的化合水，它在常温下不变化，对木材的性能无影响。

（2）木材的纤维饱和点。木材受潮时，首先形成吸附水，吸附水饱和后，多余的水成为自由水；木材干燥时，首先失去自由水，然后才失去吸附水。当吸附水处于饱和状态而无自由水存在时，此时对应的含水率称为木材的纤维饱和点。纤维饱和点随树种而异，一般为23%～33%，平均为30%。木材的纤维饱和点是木材物理、力学性质的转折点。

（3）木材的平衡含水率。木材的含水率是随着环境温度和湿度的变化而改变的。木材长时间暴露在一定温度和湿度的空气中，干燥的木材能从空气中吸收水分，潮湿的木材能向周围释放水分，直到木材的含水率与周围空气的相对湿度达到平衡为止。我们将与周围空气的相对湿度达到平衡时木材的含水率称为平衡含水率。木材的平衡含水率随其所在地区不同而异，我国北方为12%左右，南方约为18%左右，长江流域一般为15%

左右。

2. 湿胀与干缩变形

木材具有很显著的湿胀干缩性，其规律是：当木材的含水率在纤维饱和点以下时，随着含水率的增大，木材体积产生膨胀，随着含水率减小，木材体积收缩；而当木材含水率在纤维饱和点以上，只是自由水增减变化时，木材的体积不发生变化。纤维饱和点是木材发生湿胀干缩变形的转折点。由于木材构造的不均匀性，在不同的方向干缩值不同。顺纹方向（纤维方向）干缩值最小，平均为 0.1% ~ 0.35%；径向较大，平均为 3% ~ 6%；弦向最大，平均为 6% ~ 12%。

3. 密度与表观密度

木材的密度各树种相差不大，一般在 1.48 ~ 1.56g/cm³ 之间。木材的表观密度随木材孔隙率、含水量及其他一些因素的变化而不同，因此确定木材的表观密度时，应在含水率为标准含水率情况下进行。

4.1.4 木材的力学性质

1. 木材的强度

按受力状态，木材的强度分为抗拉、抗压、抗弯和抗剪四种强度。木材的强度检验是采用无疵病的木材制成标准试件，按《木材物理力学试验方法》（GB 1927 ~ 1943—1991）进行测定。由于木材是各向异性的材料，因此，一般每一类强度根据施力方向不同又有顺纹受力与横纹受力之分。顺纹受力是指作用力方向平行于纤维方向。横纹受力是指作用力的方向垂直于纤维力向。木材的顺纹强度和横纹强度差别很大。木材各强度之间的关系见表 4-2。

表 4-2　木材各强度之间的关系　　　　（单位：MPa）

抗压强度		抗拉强度		抗弯强度	抗剪强度	
顺纹	横纹	顺纹	横纹		顺纹	横纹
100	10 ~ 20	200 ~ 300	6 ~ 20	150 ~ 200	15 ~ 20	50 ~ 100

木材的强度首先取决于树种及材质，常用阔叶树的顺纹抗压强度为 49 ~ 56MPa，常用针叶树的顺纹抗压强度为 33 ~ 40MPa。即使同一木材，它的强度还随其含水率、所处环境的温度和受力时间长短等外在因素的变化而变化。

2. 影响木材强度的因素

（1）含水率。当含水率在纤维饱和点以上变化时，仅仅是自由水的增减，对木材强度没有影响；当含水率在纤维饱和点以下变化时，随含水率的降低，细胞壁趋于紧密，木材强度增加。

（2）负荷时间的影响。木材在长期荷载作用下，只有当其应力远低于强度极限的某一范围时，才可避免木材因长期负荷而破坏。木材在长期荷载作用下不致引起破坏的最大强度，称为持久强度。木材的持久强度比其极限强度小得多，一般为极限强度的50% ~ 60%。

（3）环境温度。温度对木材强度有直接影响。当温度由 25℃ 升至 50℃ 时，将因木纤维和其间的胶体软化等原因，使木材抗压强度降低 20% ~ 40%，抗拉和抗剪强度降低 12% ~

20%；当温度在100℃以上时，木材中部分组织会分解、挥发，木材变黑，强度明显下降。因此，长期处于高温环境下的建筑物不宜采用木结构。

（4）木材的缺陷

1）节子。节子能降低横纹抗压和顺纹抗剪强度。

2）木材受腐朽菌侵蚀后，不仅颜色改变，结构也变得松软、易碎，呈筛孔和粉末状形态。

3）裂纹会降低木材的强度，特别是顺纹抗剪强度。而且缝内容易积水，加速木材的腐烂。

4）构造缺陷。木纤维排列不正常均会降低木材的强度，特别是抗拉及抗弯强度。

4.1.5 木材的防腐和防火

1. 木材的防腐

木材的腐朽为真菌侵害所致。真菌分霉菌、变色菌和腐朽菌三种，前两种真菌对木材质量影响较小，但腐朽菌影响很大。此外，木材还易受到白蚁、天牛等昆虫的蛀蚀，使木材形成很多孔眼或沟道，甚至蛀穴，破坏木质结构的完整性而使强度严重降低。最适宜真菌繁殖的条件是：木材含水率为35%～50%，温度为25～30℃，木材中有一定量的空气存在。三个条件中缺少任何一项真菌就无法存活。

木材防腐的基本原理在于破坏真菌及虫类生存和繁殖条件，常用方法有以下两种：

（1）结构预防法。在结构和施工中，使木结构不受潮湿，要有良好的通风条件；在木材与其他材料之间用防潮垫；不将支点或其他任何木结构封闭在墙内；木地板下设通风洞；木屋架设老虎窗等。

（2）防腐剂法。这种方法是通过涂刷或浸渍水溶性防腐剂（如氯化钠、氧化锌、氟化钠、硫酸铜）、油溶性防腐剂（如林丹五氯酚合剂）、乳剂防腐剂（如氟化钠、沥青膏）等，使木材成为有毒物质，达到防腐要求。

2. 木材的防火

木材防火处理方法有表面处理法和溶液浸注法两种。

（1）表面处理法。在木材表面涂刷或覆盖难燃材料（如金属），常用的防火涂料有膨胀型丙烯酸乳胶防火涂料等。

（2）溶液浸注法。可用磷-氮系列及硼化物系列防火剂等浸注。

4.2 人造木材板

装饰用板材可分为实木板材和人造板材。人造板材是目前在建筑装饰工程中使用量最大的一种材料。凡以木材为主要原料或以木材加工过程中剩下的边皮、碎料、刨花、木屑等废料进行加工处理而制成的板材，通常称为"人造板材"。这类板材与天然木材相比，板面宽，表面平整光洁，没有节子，不翘曲、开裂，经加工处理后还具有防水、防火、防腐、防酸性能。人造板材主要包括胶合板、刨花板、纤维板、细木工板、木丝板和木屑板等，如图4-3所示。

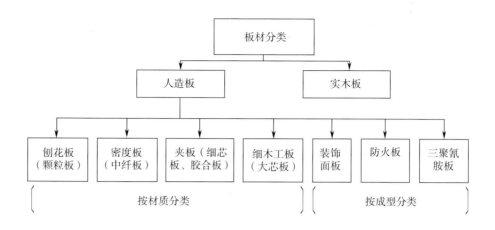

图 4-3　板材的分类

4.2.1　胶合板

胶合板是用原木旋切成薄片，经干燥处理后，再用胶粘剂按奇数层数，以各层纤维互相垂直的方向黏合热压而成的人造板材，如图 4-4 所示。一般为 3~13 层，建筑工程中常用的有三合板和五合板。胶合板厚度为 2.4mm、3mm、3.5mm、4mm、5.5mm、6mm，自 6mm 起按 1mm 递增。胶合板幅面尺寸见表 4-3。

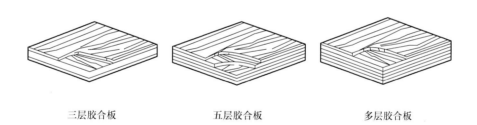

三层胶合板　　　　　　五层胶合板　　　　　　多层胶合板

图 4-4　胶合板构造

表 4-3　胶合板的幅面尺寸　　　　　　（单位：mm）

宽度	长度				
	915	1220	1830	2135	2440
915	915	1220	1830	2135	—
1220	—	1220	1830	2135	2440

胶合板具有幅面较大、强度较高，收缩性小、不容易起翘和开裂，表面平整、容易加工等优点。是装饰工程中使用最频繁、数量最大的板材，可用作家具的旁板、门板、背板等。

普通胶合板按耐水程度分为四类：Ⅰ类：耐气候和沸水胶合板；Ⅱ类：耐水胶合板；Ⅲ类：耐潮胶合板；Ⅳ类：不耐潮胶合板。按材质和加工工艺质量不同，可分为特等、一等、二等和三等 4 个等级。

4.2.2 纤维板（密度板）

纤维板是以植物纤维为原料经破碎、浸泡、研磨成浆，然后经热压成型、干燥等工序制成的一种人造板材。纤维板所选原料可以是木材采伐或加工的剩余物（如板皮、刨花、树枝），也可以是稻草、麦秸、玉米秆、竹材等。纤维板可四周黏结其他材料的覆面板，如图4-5、图4-6所示。

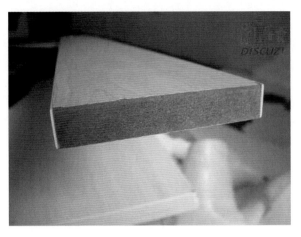

图4-5　纤维板　　　　　　　　　　　　图4-6　纤维板截面

纤维板按其体积密度分为硬质纤维板（体积密度>800kg/m³）、中密度纤维板（体积密度500~800kg/m³）和软质纤维板（体积密度<500kg/m³）三种。硬质纤维板的强度高、耐磨、不易变形，可代替木板用于墙面、顶棚、地板、家具等。中密度纤维板表面光滑、材质细密、性能稳定、边缘牢固，且板材表面的再装饰性能好，主要用于隔断、隔墙、地面、家具等。软质纤维板结构松软，强度较低，但吸声性和保温性好，主要用于吊顶等。

纤维板按密度不同，分为80型、70型、60型三类；按外观质量和内结合强度指标分为特级、一级、二级三个等级；厚度规格为6mm、9mm、12mm、15mm、18mm等。其产品质量检测一般可以从尺寸偏差、外观质量、物理力学性能和甲醛释放限量等四个方面来反映。

4.2.3 刨花板

刨花板是由木材碎料（木刨花、锯末或类似材料）或非木材植物碎料（亚麻屑、甘蔗渣、麦秸、稻草或类似材料）与胶粘剂一起热压而成的板材。刨花板可单面、双面黏结其他材料（纸贴面、饰面板），如图4-7、图4-8所示。

刨花板板面平整、挺实，物理力学强度高，纵向和横向强度一致，隔声、防霉、经济、保温。刨花板由于内部为交叉错落的颗粒状结构，因此握钉力好，造价比中密度板便宜，并且甲醛含量比大芯板低得多，是最环保的人造板材之一。但是，不同产品间质量差异大，不易辨别，抗弯性和抗拉性较差，密度较低，容易松动。刨花板规格尺寸为：长度915mm、1220mm、1525mm、1830mm、2135mm；宽度915mm、1000mm、1220mm；厚度6mm、8mm、13mm、16mm、19mm、22mm、25mm、30mm等。

图 4-7　免漆刨花板

图 4-8　刨花颗粒板

4.2.4　细木工板

细木工板是特种胶合板的一种，又称大芯板，是用长短不一的芯板木条拼接而成，两个表面为胶贴木质单板的实心板材，如图 4-9、图 4-10 所示。细木工板具有较大硬度和强度，可耐热胀冷缩，板面平整，结构稳定，易于加工，是家具、门窗套、墙面造型、地板等基材或框架。

细木工板的中间木条材质一般有杨木、桐木、杉木、柳安、白松等。按表面加工状态不同，可分为一面砂光、两面砂光和不砂光 3 种；按所使用的胶粘剂不同，可分为 I 类胶细木工板、II 类胶细木工板；按面板材质和加工工艺质量不同，可分为一等、二等、三等。

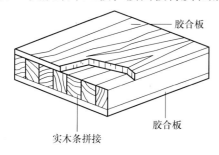

图 4-9　胶合板构造图

图 4-10　细木工板

4.2.5　薄木饰面板

薄木饰面板是由各种名贵木材经过一定的处理或加工后，再经精密刨切或旋切，厚度一般为 0.8mm 的表面装饰材料，常以胶合板、刨花板、密度板为基材。其特点是既有名贵木材的天然纹理或仿天然纹理，又能节约原木资源、降低造价，方便裁切和拼花，是室内装饰中广泛应用的饰面材料，如图 4-11、图 4-12 所示。

在装饰工程中，除薄木饰面板常作为装饰面层

图 4-11　薄木饰面板种类

外，木皮也被用于边、棱装饰面层。木皮分类及工艺：一种是天然木皮，也就是通过旋切或刨切木材得到的木皮，还有一种称为科技木，它通常是将速生材经漂白染色后，再重新组坯后刨切得到的薄木。后一种可以模拟珍贵木材的花纹而且保留了木材的天然质感，如图4-13所示。

图4-12　薄木饰面板样品　　　　　　　　　　　图4-13　木皮

4.3　木地板

木地板是指用木材制成的地板，中国生产的木地板主要分为实木地板、强化木地板、实木复合地板、竹材地板和软木地板等类别。木地板作为室内地面装饰材料，具有自重轻、弹性好、脚感舒适、导热性小、冬暖夏凉等特点，深受人们喜欢。

4.3.1　实木地板

实木地板是指用纯木材直接加工而成的地板，如图4-14、图4-15所示。它呈现出的天然原木纹理和色彩图案，自然温馨，富有亲和力，同时由于它冬暖夏凉、触感好的特性使其成为地面装修的理想材料。

图4-14　实木地板应用效果　　　　　　　　　　图4-15　实木地板正面

实木地板因材质的不同,其硬度、天然的色泽和纹理差别也较大。

实木地板的分类:按加工外形可分为:平口实木地板、企口实木地板、拼花实木地板、实木马赛克、竖木地板等。拼花木地板通常采用阔叶树种的硬木材,经过干燥处理并加工成一定几何尺寸的小木条,拼成一定图案的地板材料。实木马赛克选用天然木材为原料,以马赛克的形式展示木材的质感,是一种较新型的材料,但是价格比较昂贵,还未广泛使用,如图 4-16 ~ 图 4-19 所示。

图 4-16　实木地板榫接

图 4-17　实木地板拼花

图 4-18　实木地板拼条

图 4-19　实木地板拼图

实木地板的分类:

按硬度分:普通木地板(针叶树实木地板),松/柏/杉;硬木地板(阔叶树实木地板)。

按涂饰分:素板和漆板。漆面:亚光、半亚、高光。

按质量等级:优等品,一等品,合格品。

实木地板识别主要从以下几个方面:

(1)纹理。自然美观有规则。

(2)颜色。优质的实木地板应有自然的色调、清晰的木纹。如地板表面颜色深重,漆层较厚则可能是为掩饰地板的表面缺陷而有意为之。

(3)裂痕。应避免裂痕出现,但中、低档的地板有裂痕是难免的,不大就好。

(4)节子。即节疤,可分为活节和死节。作为天然制品是不可能没有节子的,活节的合理分布,反而会使木制品更具自然美。优等品是不允许有缺陷的节子存在的,国家规定:凡直径≤3mm 的活节子和直径≤2mm 的且没有脱落、非常密型的死节子都不作为缺陷性节子。

4.3.2 复合木地板

复合木地板分为实木复合地板和强化复合地板两种。从外观上看复合木地板与实木地板区别不大。

1. 实木复合地板

实木复合地板是利用优质阔叶材或其他装饰性很强的合适材料作表层，以材质软的速生材或以人造材作基材，经高温高压制成多层结构。实木复合地板分为三层实木复合地板和多层实木复合地板。三层实木复合地板由面层、芯层、底层三层实木板相互垂直层压，用合成树脂胶热压而成。

实木复合地板与传统的实木地板相比，用少量的优质木材起到优质木材装饰效果，由于结构的改变，使其使用性能和抗变形能力有所提高，不易变形、不易翘曲、具有较好的稳定性。铺设工艺简捷方便，阻燃、绝缘、隔潮、耐腐蚀等。实木复合地板也存在缺点：胶粘剂中含有一定的甲醛。国家对此已有强制性标准，即 GB 18580—2001《室内装饰装修材料人造板及其制品甲醛释放限量》。该标准规定实木复合地板必须达到 E1 级的要求（甲醛释放量为≤1.5mg/L），并在产品标志上明示。

2. 强化木地板（浸渍纸层压木质地板）

强化木地板（浸渍纸层压木质地板）是以一层或多层专用纸浸渍热固性氨基树脂，铺装在刨花板、中密度纤维板、高密度纤维板等人造板基材表面，背面加防潮层，正面加耐磨层，经热压而成的地板，如图 4-20 所示。

强化木地板与实木地板相比，耐磨性、抗压性强，花纹整齐，色泽均匀，抗静电，耐污染，安装方便，价格便宜，是普通家庭装修和公共场所装修首选的地板材料。但弹性和脚感不如实木地板，水泡损坏后不可修复，另外，胶粘剂中含有一定的甲醛。此外，从木材资源的综合有效利用的角度看，强化木地板更有利于木材资源的可持续利用。

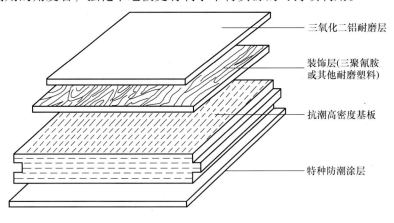

三氧化二铝耐磨层

装饰层(三聚氰胺或其他耐磨塑料)

抗潮高密度基板

特种防潮涂层

图 4-20　强化木地板构造

3. 竹地板

竹地板分竹地板和竹木地板。竹地板是以天然的竹子为原料，经制材、脱水防虫、高温高压碳化处理，再经压制、胶合、成型、开槽、砂光、油漆等工序精制加工而成。竹木地板是竹和木复合，面层和底层采用竹，中间为木，经过一系列的防腐、防潮等加工，再高温高压而成。竹地板具有质地坚硬、色泽鲜亮、竹纹清晰、清新高雅、防虫防霉、光而不滑、耐磨、耐腐蚀、不变形、不干裂等优点。竹地板与木地板相比最大特点是色泽匀称，表面硬度高，湿胀干缩及稳定性优于实木地板，如图 4-21 所示。

4. 软木地板

软木并非木材，是从栓皮栎（属阔叶树种，俗称橡树）树干剥取的树皮层，因为其质地轻软，故而称软木。软木是一种性能独特的天然材料，具有多种优良的物理性能和稳定的化学性能，例如：密度小、热导率低、密封性好、回弹性强、无毒无臭、不易燃烧、耐腐蚀不霉变，并具有一定的耐强酸、耐强碱、耐油等性能。

软木所谓的软，其实是指其柔韧性好。在显微镜下，我们可以看到软木是由成千上万个犹如蜂窝状的死细胞组成，细胞内充满了空气，形成了一个一个的密闭气囊。在受到外来压力时，细胞会收缩变小，细胞内的压力升高；当压力失去时，细胞内的空气压力会将细胞恢复原状。正是这种特殊的内在结构，使得软木地板与实木地板相比更具隔声、隔热、保温和防潮性能，给人极佳的脚感。

5. 防腐木

根据防腐处理工艺的不同，分为热处理的炭化木和防腐剂处理的防腐木。

炭化木又称热处理木，是将木材的有效营养成分炭化，通过切断腐朽菌生存的营养链来达到防腐的目的。

防腐木，是将普通木材经过人工添加化学防腐剂之后，使其具有防腐蚀、防潮，防真菌，防虫蚁、防霉变以及防水等特性。防腐木主要用于建筑外墙、景观小品、凉亭、花架、小桥、亲水平台等室外装饰工程，如图 4-22 所示。

图 4-21　竹地板　　　　　　　　　　　　　　　图 4-22　防腐木

4.4　木门、木花格及木装饰线条

4.4.1　木门

按照材质、工艺及用途不同木门可以分为很多种类。通常木门根据材料、工艺不同分为实木门、实木复合门、免漆门、模压门等。

实木门是以原木做原料，干燥处理后，再经下料、刨光、开榫、打眼、高速铣形等工序加工而成，如图 4-23 所示。

实木复合门以松木、杉木或进口填充料黏合而成做为门芯，外层贴密度板和实木木皮，经高温热压后制成，并用实木线条封边。实木复合门具有保温、耐冲击、阻燃等特点，质量较轻，但不易变形、开裂，隔声效果同实木门基本相同，如图 4-24 所示。

图 4-23　实木门

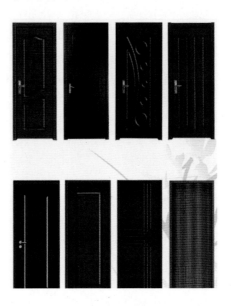

图 4-24　实木复合门

免漆门，与实木复合门相似，主要是用低档木料做龙骨框架，外用中、低密度板表面和免漆 PVC 贴膜，价格便宜。

模压门是采用模压门面板制作的带有凹凸造型的或有木纹或无木纹的一种木质室内门，模压门面板采用的是木材纤维，经高温高压一次模压成型，如图 4-25 所示。

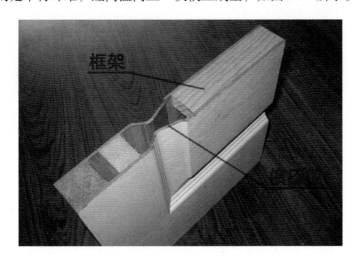

图 4-25　模压门

4.4.2　木花格

　　木花格使用木板或仿木制作成具有若干个分格的木架，如图 4-26 ～图 4-28 所示。木花格轻巧纤细，表面纹理清晰，加之整体造型的别致，多用于室内的花窗、隔断、博古架等，起到美化调节室内风格，提高室内艺术效果的作用，有时还有组织室内空间的功能。

　　图 4-26　长方形木花格　　　　图 4-27　正方形木花格　　　　　　图 4-28　扇形木花格

4.4.3　木装饰线条

　　木装饰线条是选用质硬、木质较细、耐磨、耐腐蚀、不劈裂、切面光滑、加工性好、油漆上色性好、黏结以及握钉力强的木材，经过干燥处理，用机械手工加工而成的，如图 4-29、图 4-30 所示。

　　木装饰线条在室内装饰中起着固定、连接、加强装饰饰面的作用，也是各种平面相接处、分界处、层次处、对接面的衔接口及交接条等的收边封口材料。此外，还可以作为室内墙面的墙腰装饰线、墙面洞口装饰线、护墙和踢脚的压条装饰线、门套装饰填、顶棚装饰角线、家具及门窗镶边等，能增加一种高雅的美感。

 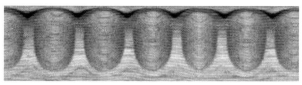

　　　　图 4-29　条型木装饰线条　　　　　　　　　　图 4-30　花型木装饰线条

第 5 章　装 饰 织 物

装饰织物种类很多，包括室内用品、床上用品、餐厅洗浴用品等，甚至包括户外用品，装饰织物不仅影响使用的舒适度，还影响着室内装饰的氛围、格调、意境等。今天，在轻装修重装饰的理念下，人们对室内织物、陈设的选择与设计更加重视。

5.1　常用织物纤维及鉴别

5.1.1　织物纤维的种类及特点

常用织物纤维有天然纤维和化学纤维两大类，这两类纤维材料各具优点和特性，能适应多种装饰织物质地、性能的要求。

1. 天然纤维

天然纤维是传统的纺织原料，分棉、毛、丝、麻等。这类纤维使用舒适、自然优美，具有化学纤维无法比拟的优势，是许多高档装饰织物的首选原料。

（1）羊毛纤维。羊毛纤维最大的特性是柔软而富有弹性，手感丰润，色彩柔和，具有良好的保暖性。羊毛纤维不易变形、不易污染、不易燃、易于清洗，而且能染成各种颜色，制品豪华大气，经久耐用，给人一种温暖感觉。羊毛纤维最大的缺点是易虫蛀，所以对羊毛及其制品应采取相应的防腐、防虫蛀的措施。羊毛纤维广泛应用于各类装饰用品，如地毯、挂毯、床上用品、家具铺设等。由于羊毛价格较高，常采用羊毛与其他原料混纺，这样既降低了成本，又提高了原材料的综合性能，如图 5-1 所示。

图 5-1　羊毛纤维

（2）棉、麻纤维。棉、麻均为植物纤维，其主要成分是纤维素，一般呈白色或淡黄色，如图 5-2 所示。棉、麻纤维手感柔软，具有良好的吸湿性和透气性，还具有较好的抗拉性能和压缩恢复弹性。

棉纤维是纺织纤维中最重要的纤维，常用于各类的生活用品，如床上用品、衣物、窗帘、垫罩等，棉纤维对染料具有天然的亲和性，可印染出色彩斑斓的图案。棉纺品易洗、易熨烫，但不能保持摺线，易污、易皱。

麻纤维性刚、强度高、制品挺括、耐磨，多用于生产粗犷、坚牢的帆布及茶巾、台布类织物。但随着人们审美情趣的变化，亚麻装饰织物也越来越多受到人们的喜欢。

（3）丝纤维。丝绸是我国古代文明产物之一，也是我国较多使用的纺织原料之一。它集轻、柔、细为一体，滑润、柔韧，色泽光亮柔和，纤维细腻，吸湿透气，自古以来，都是高档的装饰织物。但丝纤维耐光性较差，长时间光照射会使色彩变黄、丝质脆化、强度降低，如图 5-3 所示。

图 5-2　棉纤维

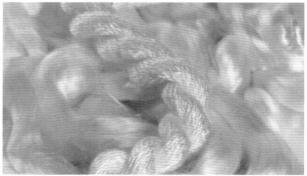

图 5-3　丝纤维

（4）其他纤维。我国地域广阔，植物纤维资源丰富，品种也较多，如木质纤维、苇纤维、椰壳纤维及竹纤维等均可被用于制作不同类型的装饰制品。

2. 化学纤维

化学纤维是利用天然的高分子物质或合成的高分子物质，经化学工艺加工而取得的纤维总称。化学纤维的优点是资源广泛，易于制造，物美价廉。它不像天然纤维受到土地、气候等多方面的影响。石油化学工业的发展，为化学纤维的生产创造了良好的条件。今天，在纺织品市场上，化学纤维已占有极大的比重。

（1）化学纤维分类。装饰织物的化学纤维有人造纤维和合成纤维，其分类如图 5-4 所示。

人造纤维是化学纤维中生产量最大的纤维，它是利用有纤维素和蛋白质的天然高分子物质如木材、蔗渣、芦苇等为原料，经化学和机械加工而成。

合成纤维是石油化工工业和炼焦工业中的副产品。

（2）常用的合成纤维

1）聚酯纤维（涤纶）。聚酯纤维具有强度高，耐磨性能好，略比聚酰胺纤维差，但却是棉花的 2 倍，羊毛的 3 倍，尤其是在湿润状态同干燥时一样耐磨，它耐热、耐晒、不发霉、不怕虫蛀，但聚酯纤维染色较困难。

2）聚酰胺纤维（锦纶）。聚酰胺纤维旧称尼龙，耐磨性能好，在所有天然纤维和化学

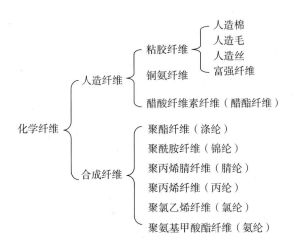

图5-4　化学纤维的分类

纤维中，它的耐磨性最好，比羊毛高20倍，比粘胶纤维高50倍。如果用15%的聚酰胺纤维和85%的羊毛混纺，其织物的耐磨性能比羊毛织物高3倍多。它强度高，弹性好，染色容易，不怕虫蛀，不怕腐蚀，不发霉，吸湿性能低，易于清洗。但聚酰胺纤维也存在易吸尘、易变形、遇火易局部熔融、在干热环境下易产生静电等缺点。聚酰胺纤维在与80%的羊毛混合后其性能可得到较为明显的改善。

3）聚丙烯纤维（丙纶）。聚丙烯纤维具有强度高、质地好、弹性好、不霉不蛀、易于清洗、耐磨性好等优点，而且原料来源丰富，生产过程也较其他合成纤维简单，生产成本较低。

4）聚丙烯腈纤维（腈纶）。聚丙烯腈纤维轻于羊毛（羊毛的密度为 $1.32g/cm^3$，而腈纶的密度为 $1.07g/cm^3$），蓬松卷曲，柔软保暖，弹性好，在低伸长范围内弹性回复能力接近羊毛，强度相当于羊毛的 $2\sim3$ 倍，且不受湿度影响。聚丙烯腈纤维不霉、不蛀，耐酸碱腐蚀，最突出的特点为非常耐晒，这是天然纤维和大多数合成纤维所不能比的。但聚丙烯腈纤维的耐磨性在合成纤维中是较差的一个。

3. 玻璃纤维

除天然纤维和化学纤维外，还有无机纤维，如玻璃纤维。玻璃纤维是由熔融玻璃制成的一种纤维材料，直径从数微米至数十微米。玻璃纤维性脆，较易折断，不耐磨，但抗拉强度高，伸长率小，吸湿性小，不燃，耐高温，耐腐蚀，吸声性能好，可纺织加工成各种布料、带料等，或织成印花墙布。

5.1.2　装饰织物纤维的鉴别方法

市场上所销售的装饰织物种类繁多，纤维种类也是五花八门，对于纤维种类的鉴别方法也很多，有手感目测法、燃烧法、显微镜观察法、药品着色法、化学溶解法、熔点测定法、密度梯度法、荧光法等，在实际鉴别中常常要用多种方法，进行综合分析推测。但是比较实用的方法是手感目测法和燃烧法。

1. 手感目测法鉴别

通过看（长短、色泽含杂等）、抓捏（弹性、硬挺度、冷暖感等）、耳听（丝鸣等），来判断天然纤维或化学纤维，见表5-1。

表5-1 天然纤维与化学纤维手感目测比较

观察内容　　　　　纤维类别	天 然 纤 维	化 学 纤 维
长度、细度	差异很大	相同品种比较均匀
含杂	附有各种杂质	几乎没有
色泽	柔和但欠均一	近似雪白、均匀，有的有金属般光泽

2. 燃烧法

纤维的化学组成不同，燃烧特征也不同。燃烧法适用于单一成分的纤维、纱线和织物，不适用于混合成分的纤维、纱线和织物，或经过防火、防燃及其他整理的纤维和纺织品。

检验步骤：接近火焰→火焰中→离开火焰的燃烧特征→气味及燃烧后残留物的辨别。各种纤维燃烧特性见表5-2。

表5-2 各种纤维燃烧特性

纤 维 名 称	燃 烧 特 性
棉	燃烧很快，发出黄色火焰，有烧纸的气味，灰末细软，呈深灰色
麻	燃烧起来比棉花慢，也发黄色火焰与烧纸般的气味，灰烬颜色比棉花深些
丝	燃烧比较慢，且缩成一团，有烧头发的气味，燃烧后呈黑褐色小球，用指一压就碎
羊毛	不燃烧，冒烟而起泡，有烧头发的气味，灰烬多，燃烧后成为有光泽的黑色脆块，用指一压即碎
粘胶、富强纤维	燃烧很快，发出黄色火焰，有烧纸的气味，灰烬极少，呈深灰或浅灰色
聚酰胺纤维	燃烧时没有火焰，稍有芹菜气味，纤维迅速卷缩，熔融成胶状物，趁热可以把它拉成丝，一冷就成为坚韧的褐色硬球，不易研碎
聚酯纤维	点燃时纤维先卷缩，熔融，然后再燃烧。燃烧时火焰呈黄白色，很亮、无烟，但不延燃，灰烬成黑色硬块，但能用手压碎
聚丙烯腈纤维	点燃后能燃烧，但比较慢。火焰旁边的纤维先软化、熔融，然后燃烧，有辛酸气味，燃烧后成脆性小黑色硬球
聚丙烯纤维	燃烧时可发出黄色火焰，并迅速卷缩，熔融，燃烧后呈熔融状胶体，几乎无灰烬，如不待其烧尽，趁热时也可拉成丝，冷却后成为不易研碎的硬块

5.2 墙面装饰织物

壁纸和壁布（又称墙纸和墙布）品种多样，图案丰富，色彩斑斓，极具艺术表现力。壁纸和壁布施工简单，耐擦洗，易保养，能更换，是目前国内外广泛应用于墙面、顶面的装饰材料。

5.2.1 常用的壁纸和壁布

1. 壁纸的类型及特性

壁纸是以纸为基材，以聚氯乙烯塑料、纤维等为面层，用压延或涂敷方法复合，再经印刷、压花或发泡而制成的。常见的种类有：塑料壁纸、全纸壁纸、织物壁纸、木纤维壁纸、金属壁纸等类型。壁纸与传统装饰材料相比有以下特点：

1）具有一定的伸缩性和耐裂强度。因此允许底层结构（如墙面、顶棚面等）有一定的裂缝。

2）装饰效果好。由于塑料壁纸表面可进行印花、压花发泡处理，能仿天然石材、木纹及锦缎，可印制适合各种环境的花纹图案，色彩也可任意调配，做到自然流畅，清淡高雅。

3）性能优越。根据需要可加工成具有难燃、隔热、吸声、防霉等特性，不怕水洗，不易受机械损伤的产品。

4）粘贴方便。塑料壁纸的湿纸状态强度仍较好，耐拉耐拽，易于粘贴，黏合剂或乳白胶粘贴，且透气性能好，施工简单，陈旧后易于更换。

5）使用寿命长，易维修保养。表面可清洗，对酸碱有较强的抵抗能力，墙面的清洁。

（1）塑料壁纸。塑料壁纸又称为 PVC 壁纸，通常分为普通壁纸（图 5-5）和发泡壁纸（图 5-6）。其所用塑料大部分为聚氯乙烯（或聚乙烯）。

图 5-5　普通 PVC 壁纸　　　　　　　　图 5-6　发泡 PVC 壁纸

普通壁纸常用 $80g/m^2$ 的纸做基材，涂塑 $100g/m^2$ 左右的 PVC 糊状树脂，再经印花压花而成。由于印刷工艺不同，常分为平光印花、有光印花、单色压花、压花印花几种，是目前使用最多的壁纸。

发泡壁纸常用 $100g/m^2$ 的纸做基材，涂塑 $300 \sim 400g/m^2$ 掺有发泡剂的 PVC 糊状树脂，印花后再发泡而成。这类壁纸较普通壁纸手感厚实、松软，表面肌理效果丰富。发泡壁纸有高发泡印花、低发泡印花和发泡印花压花等几种。高发泡壁纸表面有弹性凹凸花纹，是具有装饰和吸声等多功能的壁纸。低发泡壁纸表面有同色彩的凹凸花纹图，有仿木纹、拼花、仿瓷砖等效果，图案逼真，立体感强，装饰效果好。

（2）全纸壁纸。也称为纸面纸基壁纸，是以纸为基材，印花后压花而成的壁纸，是最早壁纸。这类壁纸最大的特点透气性好，但性能差，容易断裂，不耐潮，不耐水，不能擦洗，现已淘汰。

（3）织物壁纸。织物壁纸主要有纸基织物壁纸和麻草壁纸两种。

纸基织物壁纸是由丝、羊毛、棉、麻等天然纤维织物及聚酰胺纤维等化学纤维制成各种色泽、花色、粗细不一的纺线，然后按一定的花式图案经特殊工艺处理和巧妙的艺术编织，黏合于纸基面而制成。纸基织物壁纸质感柔和、透气性好、具有吸声效果，无静电，耐磨，色泽丰富，花样繁多，是较高级墙面装饰材料，给人以高雅、柔和、舒适的感觉。适应于宾馆、酒店、会议室、接待室、客厅、卧室等，如图5-7所示。

图5-7　纸基织物壁纸

麻草壁纸又称植物纤维壁纸，是以纸为底层，以草、麻、木材等植物纤维作表面，经复合加工在一起而成的墙面装饰材料。这种壁纸没有毒性、透气性好、能散潮气、吸声、不变形、图案自然古朴，是一种新型的流行壁纸。如图5-8、图5-9所示。

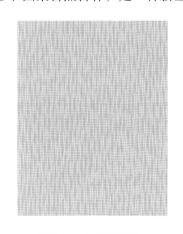

图5-8　木纤维壁纸

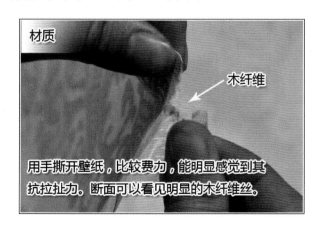

图5-9　木纤维壁纸的细部

（4）金属壁纸。金属壁纸是将金、银、铜、锡、铝等金属箔，与纸基压合印花而成。其装饰效果像贴金属材料一样，具有不锈钢、黄铜等多种金属的质感和光泽。繁富典雅、高贵华丽，通常用于酒店、餐厅、夜总会等公共场所，如图 5-10、图 5-11 所示。

图 5-10　金属壁纸

图 5-11　金属壁纸应用于顶棚

2. 壁布的类型及特性

壁布实际上是壁纸的另一种形式，壁纸与壁布的主要区别在于基底的材质，壁纸的基底主材是纸浆基底，壁布的基底是纤维无纺布或纺织十字布。壁布一样有变幻多彩的图案、瑰丽无比的色泽，在质感上则比壁纸更胜一筹。由于壁布表层材料的基材多为天然物质，其经过特殊处理的表面，其质地都较柔软舒适，而且纹理更加自然，色彩也更显柔和，极具艺术效果。壁布不仅有着与壁纸一样的环保特性，而且更新也很简便，并具有更强的吸声、隔声性能，还可防火、防霉防蛀，也非常耐擦洗。

（1）玻璃纤维印花贴壁布。玻璃纤维印花贴壁布是以中碱玻璃纤维布为基材，表面涂以耐磨树脂，印上彩色图案而制成的。特点是色彩艳丽，花色多样，美观大方，不褪色、不老化、防火性能好，防水耐潮，可擦洗，防开裂，防虫咬，施工简单，价格低廉。适应于多种墙面，如混凝土墙面、砖墙面、石膏板墙面、木板等，尤其是适用于卫生间、浴室，如图 5-12 所示。

（2）无纺贴壁布。无纺贴壁布是采用棉、麻等天然纤维或聚酯纤维、聚丙烯腈纤维等合成纤维，经过无纺成型，上面涂覆树脂，印制彩色花纹而成的一种贴墙材料。无纺贴壁布色彩鲜艳、图案雅致，弹性好，不易折断，耐老化，表面光洁而有毛绒感，不易褪色，耐磨、耐晒、耐湿，具有一定透气性，可擦洗。尤其是聚酯纤维无纺壁布，适用于各种建筑物的室内墙面装饰。

图 5-12　玻璃纤维壁布

（3）纯棉装饰壁布。纯棉装饰壁布是以纯棉平纹布经过处理、印花、涂层制作而成，特点是强度大、静电小、不易变形，无光、吸声、无毒、无味。缺点是表面易起毛，不能擦洗。

（4）化纤装饰贴壁布。又称人造纤维装饰贴壁布，种类繁多，常见的有用粘胶纤维、醋酸纤维、三酸纤维、聚丙烯、腈纤维、聚酰胺纤维、聚酯纤维等人造纤维制成的化纤装饰贴壁布。特点是花纹图案新颖美观，色彩调和，无毒无味；透气性好，不易褪色，只是不宜多擦洗；又因基布结构疏松，如墙面有污渍易渗透露出来。

（5）锦缎壁布。锦缎壁布是以锦缎制成。特点是花纹艳丽多彩，质感光滑细腻，不易长霉，但价格昂贵。

（6）织物壁布。又称艺术壁布，是用棉、麻等植物纤维或与化学纤维混合织成。特点是拉力较好，色彩典雅文静，自然感强，透气性好。缺点是表面容易起毛，不能擦洗，如图5-13所示。

（7）丝绸壁布。丝绸壁布是用丝绸织物与纸张胶合而成。特点是质地柔软，色彩华丽，典雅奢华，环保，高透气，如图5-14所示。

图 5-13　织物壁布

图 5-14　丝绸壁布

5.2.2　壁纸壁布的选购

对于到底该如何挑选壁纸，建议从 5 个方面去鉴别。

1. 花色与接口

鉴别壁纸的好坏优劣，首先看壁纸表面的颜色是否均匀，是否有色差和渗色、模糊现象等，通常图案越清晰越好；其次是看织数和细腻度，主要针对无纺布和壁布等，须看正反两面，通常表面布纹密度越高，则说明质量越好。此外，可以通过壁纸店的样品看壁纸的接口，一般纸质壁纸接口较差，翻多了接口会有磨损起毛现象。

2. 手感和韧性

有人以为壁纸越厚越好，这是一个误区。壁纸的质量主要与纸质、工艺和韧性有关，与厚薄其实并没有直接的关系。在用手鉴别壁纸时，最主要是看手感和韧性，特别是植绒类壁纸，最容易感觉出好坏差别，通常手感越柔软舒适，说明质量越好，柔韧性越强。不过如果是同材质的国产壁纸和进口壁纸相比，进口壁纸会相对较厚实，密度较高。

3. 劣质壁纸有异味

真正的环保壁纸是无味的，但如果是采用劣质材料制作，则会有一股刺鼻的气味，如果触近仔细闻就可以闻出来。

4. 测试耐磨耐脏性

壁纸的耐磨耐脏性也是不容忽视的一点，建议在选购过程中，可用铅笔在纸上画几画，再用橡皮擦，一般高档优质壁纸，即使表面有凹凸纹理，也很容易擦干净，反之如果是劣质壁纸，则很容易擦破或擦不干净。

5. 测试防水防霉性

因为壁纸是纸质的，很多人都担心它的防水效果，可试倒一滴水在壁纸上，如果等了2~3min，水还没有渗透，说明这款壁纸的防水不错，反之则说明壁纸的防水性不够。

5.2.3 窗帘

随着现代人们生活质量的提高，窗帘帷幔已成为室内装饰不可缺少的内容。窗帘帷幔可调节室内光线，分隔室内空间，隔声、除尘、保暖、遮光，提供私密性等。同时，窗帘帷幔也可调节室内空间氛围，柔化空间环境，创造舒适、温馨的私密空间。

窗帘种类繁多，可根据面料、工艺、织物厚度等分类，但大体可归为成品帘和布艺帘两大类，成品帘又可分为卷帘、折帘、垂直帘和百叶帘，我们仅介绍常用的窗帘。

1. 成品帘

（1）卷帘。卷帘简洁、大方，使用方便，收放自如，可遮阳、透气。它可分为：人造纤维卷帘、木质卷帘、竹质卷帘。其中人造纤维卷帘以特殊工艺编织而成，可过滤强阳光辐射，改善室内光线品质，有防静电防火等功效，如图5-15所示。

（2）百叶帘。一般分为木百叶帘、铝百叶帘、竹百叶帘等。百叶帘的最大特点在于光线不同角度得到任意调节，使室内的自然光富有变化，如图5-16所示。

图5-15 卷帘

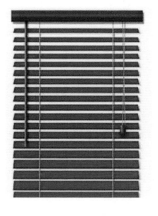

图5-16 百叶帘

2. 布艺帘

布艺帘是用装饰布经设计缝纫而做成的窗帘，如图5-17、图5-18所示。布艺帘由窗布、窗纱、辅料、轨道四部分组成。

（1）窗布。布艺窗帘的面料质地有纯棉、麻、涤纶、真丝，也可集中原料混织而成。棉质面料质地柔软、手感好；麻质面料垂感好，肌理感强；真丝面料高贵、华丽；聚酯纤维面料挺括、色泽鲜明、不褪色、不缩水。

图 5-17　布艺窗帘（1）　　　　　　　　图 5-18　布艺窗帘（2）

布艺窗帘根据其面料、工艺不同可分为：印花布、染色布、色织布、提花布等布艺窗帘。

印花布：在素色坯布上用转移或圆网的方式印上色彩、图案，其特点：色彩艳丽，图案丰富、细腻。

染色布：在白色坯布上染上单一色泽的颜色，其特点：素雅、自然。

色织布：根据图案需要，先把纱布分类染色，再经交织而构成色彩图案成为色织布，其特点：色牢度强，色织纹路鲜明，立体感强。

提花印布：把提花和印花两种工艺结合在一起称其为提花色布。

（2）窗纱。与窗帘布相伴的窗纱不仅给居室增添柔和、温馨、浪漫的氛围，而且具有采光柔和、透气通风的特性，它可调节人的心情，给人一种若隐若现的朦胧感。

窗纱的面料可分为：聚酯纤维、仿真丝、麻或混纺织物等。

根据其工艺可分为：印花、绣花、提花等。

（3）窗轨。窗轨根据其形态可分为：直轨、弯曲轨、伸缩轨等，最常用的直轨有：重型轨、塑料纳米轨、低噪声窗轨等。

窗轨根据其材料可分为：铝合金、塑料、铁、木头等窗轨。

窗轨根据其工艺可分为：罗马杆、艺术杆等窗轨。

除织物窗帘外，在不少场合还使用竹帘与珠帘。竹帘与珠帘既能遮蔽部分光线和景物，又有很好的透气性，因此，最适用于夏季需要通风的场所。

5.3　地面装饰织物

地毯是一种历史悠久的世界性装饰制品，最初仅为铺地、御寒湿及坐卧之用。由于民族文化的陶冶和手工技艺的发展，地毯逐步发展成为一种高级的装饰品。地毯具有实用价值和欣赏价值，能起到抗风湿、吸尘、保护地面和美化室内环境的作用。它富有弹性、脚感舒适，且能隔热保温。而且还能隔声、吸声、降噪，使住所更加宁静、舒适。地毯固有的缓冲作用，能防止滑倒、减轻碰撞，使人步履平稳。另外，丰富而巧妙的图案构思及配色，使地毯具有较高的艺术性，同其他材料相比，它给人以高贵、华丽、美观、舒适而愉快的感觉，是比较理想的现代室内装饰材料。

5.3.1 地毯的分类与特性

1. 纯毛地毯

纯毛地毯是以粗绵羊毛为主要原料制成的一种地毯。纯毛地毯的手感柔和，拉力大，弹性好，图案优美，色彩鲜艳，质地厚实，脚感舒适，并具有抗静电性能好、不易老化、不褪色等特点，是高档的地面装饰材料。但纯毛地毯的耐菌性和耐潮湿性较差，价格昂贵，多用于高级别墅住宅的客厅、卧室等处，如图5-19、图5-20所示。

图5-19　纯毛地毯（1）　　　　　　　　　　图5-20　纯毛地毯（2）

纯毛地毯又分为手工编织地毯和机织地毯两种。

手工地毯具有质地厚实、富有弹性、柔软舒适及经久耐用等特点，由于做工精细，产品名贵，故价格高，所以仅用于国际性、国家级的大会堂、迎宾馆、高级饭店和高级住宅、会客厅、舞台以及其他重要的、装饰性要求高的场所，如图5-21所示。

机织纯毛地毯具有毯面平整、光泽好、富有弹性、脚感柔软和抗磨耐用等特点。与纯毛手工地毯相比，其性能相似，但价格远低于手工地毯。机织纯毛地毯最适合在宾馆、饭店的客房、宴会厅、酒吧间、会客厅、会议室及家庭等铺设使用。另外，这种地毯还有阻燃性，可用于防火性能要求高的建筑室内地面，如图5-22所示。

图5-21　手工编织地毯　　　　　　　　图5-22　大型智能地毯织机

近年来我国还发展生产了纯羊毛无纺地毯，即不用纺织或编织方法而制成的纯毛地毯。它具有质地优良、消声抑尘、使用方便、工艺简单及价格低等特点，但弹性和耐久性稍差。

2. 混纺地毯

混纺地毯是在纯毛纤维中加入一定比例的化学纤维制成。其性能介于纯毛地毯和化纤地毯之间，该种地毯在图案花色、质地手感等方面与纯毛地毯差别不大，但却克服了纯毛地毯不耐虫蛀、易腐蚀、易霉变的缺点，同时提高了地毯的耐磨性能，大大降低了地毯的价格，使用范围广泛，在宾馆饭店、高档家庭装修中成为地毯的主导产品，如图5-23所示。

3. 化纤地毯

化纤地毯又称合成纤维地毯，是以各种化学纤维为主要原料，经过机织法或簇绒法等加工成面层织物后，再与麻布背衬材料复合处理而成的一种地毯。用于制作地毯的化学纤维，主要有聚酰胺纤维、聚丙烯腈纤维、聚丙烯纤维及聚酯纤维等数种。

化纤地毯的共同特性是：不霉、不蛀、耐腐蚀、质轻、吸湿性小及易于清洗等。但各种化学纤维的特性并不相同，应注意其间的区别。在着色性能方面，聚酯纤维的着色性很差，颜料在其上的附着力很小，故在清理聚酯纤维地毯时应注意，如果擦洗频繁或清洁剂选用不当，可能会引起地毯的褪色。在耐磨性能方面，聚酰胺纤维是所有化学纤维中最好的（是羊毛的20倍），聚酯纤维次之，聚丙烯腈纤维最差。在耐曝晒性能方面，聚丙烯腈纤维最好，聚酯纤维次之，而聚酰胺纤维和聚丙烯纤维均比较差。在弹性方面，聚丙烯纤维和聚丙烯腈纤维的弹性恢复能力较好，在低延伸范围内接近于羊毛，而聚酰胺纤维和聚酯纤维则均比较差。在静电特性方面，聚酰胺纤维在干热环境条件下比较容易造成静电的积累，其他三种化学纤维则不严重。

化纤地毯为目前用量最大的中、低档地毯品种。铺设简便且价格较低，适用于宾馆、饭店、招待所、接待室、餐厅、住宅居室、活动室及船舶、车辆、飞机等地面装饰铺设，如图5-24所示。化纤地毯的缺点是：与纯毛地毯相比，均存在着易变形、易产生静电、遇火易局部熔化等问题。

图5-23　宾馆大厅铺设的混纺地毯

图5-24　化纤地毯

4. 剑麻地毯

剑麻地毯是植物纤维地毯的代表，它采用剑麻纤维（西沙尔麻）为原料，经过纱纺、编织、涂胶和硫化等工序制成。产品分素色和染色两类，有斜纹、螺纹、鱼骨纹、帆布平纹、半巴拿马纹和多米诺纹等多种花色品种。剑麻地毯具有耐酸碱、耐磨、尺寸稳定、无静电现象等特点。较羊毛地毯经济实用，但弹性较其他类型的地毯差，可用于楼、堂、馆、所等公共建筑地面及家庭地面，如图5-25所示。

图5-25　剑麻地毯

5. 塑料地毯

塑料地毯是以聚氯乙烯树脂为基料，加入填料、增塑剂等多种辅助材料和添加剂，然后经混炼、塑化、并在地毯模具中成型而制成的一种新兴地毯。这种地毯具有质地柔软、色泽美观、经久耐用、耐虫蛀及可擦洗性，特别是具有阻燃性和价格低廉的优势。塑料地毯的缺点是：质地较薄、手感硬、受气温的影响大，易老化，如图5-26、图5-27所示。

图5-26　PVC塑料镂空地毯　　　　　　图5-27　PVC塑料地毯

塑料地毯一般是方块地毯，常见规格有500mm×500mm，400mm×600mm、1000mm×1000mm等多种。多用于一般公共建筑如宾馆、商场及浴室等。

6. 橡胶地毯

橡胶地毯是以天然橡胶为原料，用地毯模具在蒸压条件下模压而成的，所形成的橡胶绒长度一般为5~6mm。橡胶地毯常见产品规格有500mm×500mm，1000mm×1000mm。橡胶地毯除具有其他材质地毯的一般特性，如色彩丰富、图案美观、脚感舒适、耐磨性好等之外，还具有隔潮、防霉、防滑、耐蚀、防蛀、绝缘及清扫方便等优点，适用于各种经常淋水或需要经常擦洗的场合，如浴室、走廊、卫生间等，如图5-28所示。

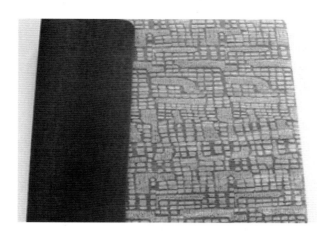

图 5-28　橡胶植绒地毯

5.3.2　地毯的质量识别

地毯的技术性能要求是鉴别地毯质量的标准，也是挑选地毯时的依据。

1. 耐磨性

地毯的耐磨性是衡量其使用耐久性的重要指标。地毯的耐磨性常用耐磨次数表示，即地毯在固定压力下磨至背衬露出所需要的次数。耐磨次数越多，表示耐磨性越好。耐磨性的优劣与所用材质、绒毛长度、道数多少有关。一般化纤地毯比羊毛地毯耐磨，且地毯越厚越耐磨。

2. 弹性

弹性是反映地毯受压力后，其厚度产生压缩变形的程度，这是地毯脚感是否舒适的重要性能。地毯的弹性通常用动态负载下（规定次数下周期性外加荷载撞击后）地毯厚度减少值及中等静负载后地毯厚度减少值来表示。从有关地毯弹性指标可以得知，化纤地毯的弹性次于羊毛地毯，聚丙烯纤维地毯的弹性次于聚丙烯腈纤维地毯。

3. 剥离强度

剥离强度反映地毯面层与背衬间复合强度的大小，也反映地毯复合之后的耐水能力，通常以背衬剥离强力表示，即采用一定的仪器设备，在规定速度下，将 50mm 宽的地毯试样的面层与背衬剥离至 50mm 长时所需的最大力。

4. 绒毛黏合力

绒毛黏合力是指地毯绒毛在背衬上黏接的牢固程度。化纤簇绒地毯的黏合力以簇绒拔出力来表示，要求平绒毯簇绒拔出力大于 12N，圈绒毯大于 20N。

5. 抗静电性

静电性是表示地毯带电和放电的性能。静电大小与纤维本身的导电性有关。一般来说，化学纤维未经抗静电处理时，其导电性差，所以化纤地毯所带静电较羊毛地毯大。这是由于有机高分子材料受到摩擦后易产生静电，且其本身又具有绝缘性，使静电不易放出所致。这就使得化纤地毯易吸尘、难清扫，严重时，会使走在上面的人有触电感。为此，在生产合成纤维时，常掺入适量的抗静电剂，国外还采用增加导电性处理等措施，以提高其抗静电性。

6. 抗老化性

在光照和空气等因素作用下，经过一定时间后，毯面化学纤维会发生老化，导致地毯性能指标下降。化纤地毯老化后，受撞击和摩擦时会产生断裂粉化现象。在生产化学纤维时，加入一定量的抗老化剂，可提高其抗老化性能。

7. 耐燃性

耐燃性是指化纤地毯遇火时，在一定时间内燃烧的程度。由于化学纤维一般易燃，故常在生产化学纤维时加入一定量的阻燃剂，以使织成的地毯具有自熄性或阻燃性。当化纤地毯试样燃烧 12min 之内，其燃烧面积的直径不大于 17.96 ㎝时，则认为耐燃性合格。

需要特别注意的是，化纤地毯在燃烧时会释放出有害气体及大量烟气，容易使人窒息，难以逃离火灾现场。因此应尽量选用阻燃型化纤地毯，避免使用非阻燃型化纤地毯。

8. 抗菌性

地毯作为地面覆盖材料，在使用过程中较易被虫、菌等侵蚀而引起霉变。因此，地毯在生产中常要进行防霉、抗菌等处理。通常规定，凡能经受 8 种常见霉菌和 5 种常见细菌侵蚀而长期不长菌和霉变的地毯，认为合格。化纤地毯的抗菌性优于纯毛地毯。

第6章 玻 璃

玻璃是一种光滑、细腻、坚硬、易碎的透明或半透明材料，早在古罗马时代，人们已经做出了玻璃，而在两千多年前，又制造了彩色玻璃。自古以来，玻璃都被用在建筑的门窗或装饰中，当今随着现代建筑发展的需要和玻璃的深加工技术的发展，玻璃更是现代建筑上广泛采用的建筑材料之一。

6.1 玻璃的组成与性质

6.1.1 玻璃的组成

玻璃是由石英砂、纯碱、长石及石灰石等在 $1550 \sim 1600℃$ 高温下熔融后，成型、退火而制成的固体材料。其主要化学成分为二氧化硅（含量 72% 左右）、氧化钠（含量 15% 左右）、氧化钙（含量 8% 左右），另外还含有少量的氧化铝、氧化镁等，它们对玻璃的性质起着十分重要的作用。如果在玻璃中加入某些金属氧化物、化合物或经过特殊工艺处理后又可制得具有各种不同特性的特种玻璃及制品。

玻璃熔化时，可以被吹大、拉长、弯卷、挤压或浇制成不同形状。

6.1.2 玻璃的性质

1. 玻璃的密度

玻璃属于致密材料。其密度与化学成分有关，普通玻璃的密度为 $2500 \sim 2600 \ kg/m^3$。

2. 玻璃的光学性质

当光线入射玻璃时，可发生反射、吸收和透射三种现象，如图 6-1 所示。光线透射玻璃的性质称为透射，以透射率表示；光线按一定角度反射出来称为反射，以反射率表示；光线通过玻璃后，一部分光能量被玻璃吸收，称为吸收，以吸收率表示。玻璃的反射率、吸收率和透射率之和等于入射光的强度，为 100%。

3. 玻璃的热学性质

玻璃的热学性质主要是指其导热性、热［膨］胀系数和热稳定性。玻璃的导热性随温度升高而增大。玻璃的热［膨］胀系数与其组成有关，不同成分的玻璃热［膨］胀系数差别很大。玻璃的热稳定性是指玻璃经受剧烈温度变化而不破坏的性能。影响热稳定性的因素很多，但最主要受热［膨］胀系数影响。玻璃热［膨］胀系数越小，热稳定性越高。玻璃越厚、体积越大，热稳定性越差；带有缺陷的玻璃，特别是带结石、条纹的玻璃，热稳定性也差。

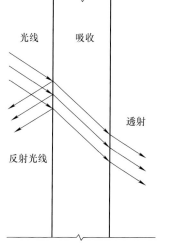

图 6-1 光的反射、吸收和透射

4. 玻璃的机械性质

玻璃的抗压强度一般为 600～1200MPa，而抗拉强度很小，为 40～80MPa，但实际上，玻璃产品的强度都不高，主要因为玻璃是典型的脆性材料，它的内部存在着微裂纹，当受力时，微裂纹急剧扩张，并且应力集中，以致破裂。玻璃在常温下具有弹性的性质，但随温度的升高，弹性模量下降，直至出现塑性变形。玻璃具有较高的硬度，一般玻璃的莫氏硬度为 4～7，接近长石的硬度。

5. 玻璃的化学性质

玻璃具有较高的化学稳定性，在通常情况下，对酸、碱以及化学试剂或气体等具有较强的抵抗能力。但是长期受到侵蚀介质的腐蚀，也能导致玻璃损坏，如风化、发霉都会导致玻璃外观的破坏和透光能力的降低。

6.1.3 建筑玻璃的分类

（1）按制作工艺的不同，建筑用玻璃通常可分为平板玻璃、深加工玻璃、熔铸成型玻璃三类。

1）平板玻璃泛指采用引上、浮法、平拉、压延等工艺生产的平板玻璃，包括普通平板玻璃、本体着色玻璃、压花玻璃、夹丝玻璃等。

2）深加工玻璃品种最多，将普通平板玻璃经加工制成具有某些特种性能的玻璃，称为深加工玻璃制品，其主要品种有安全玻璃、节能玻璃、玻璃墙地砖、屋面材料与装饰玻璃等。

3）熔铸成型的建筑玻璃主要有玻璃砖、槽形玻璃、玻璃锦砖、微晶玻璃面砖等品种。

（2）按使用的功能不同，建筑玻璃又可分为：

1）建筑节能玻璃：中空玻璃、热反射玻璃、低辐射玻璃等。

2）建筑安全玻璃：钢化玻璃、夹层玻璃、夹丝玻璃等。

3）建筑装饰玻璃：镀膜玻璃、彩釉玻璃、磨砂玻璃、雕花玻璃等。

4）其他功能玻璃：隔声玻璃、屏蔽玻璃、电加热玻璃、液晶玻璃等。

6.2 平板玻璃

平板玻璃是指未经其他加工的平状玻璃制品，又称白片玻璃或净片玻璃。按生产工艺不同，可分为普通平板玻璃和浮法玻璃。

6.2.1 平板玻璃生产工艺

平板玻璃的生产过程如图 6-2 所示。

普通平板玻璃的成型通常采用的是垂直引上法和浮法。垂直引上法是我国生产玻璃的传统方法，它是利用引拉机械从玻璃溶液表面垂直向上引拉成玻璃带，再经急冷而成。其主要缺点是产品易产生波纹和波筋。

浮法生产的成型过程是熔融玻璃从池窑中连续流入并漂浮在相对密度大的锡液表面上，在重力和表面张力的作用下，玻璃液在锡液面上铺开、摊平、形成上下表面平整、硬化、冷却后被引上过渡辊台。经退火、切裁，就得到平板玻璃产品，如图 6-3 和图 6-4 所示。浮法

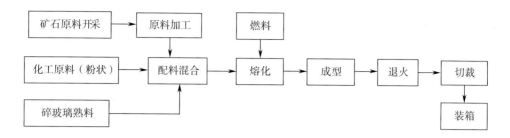

图 6-2　平板玻璃的生产过程

生产的优点是：适合于高效率制造优质平板玻璃，没有波筋、厚度均匀、上下表面平整、透光率高，是建筑市场的主导产品。

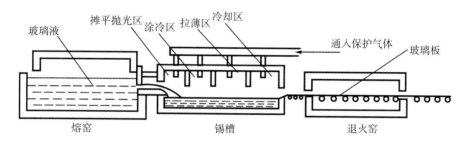

图 6-3　浮法玻璃工艺示意图

图 6-4　某玻璃生产车间（图片来源 http：//www. cntic. com. cn）

6.2.2　平板玻璃的质量检测与应用

1. 平板玻璃的质量检测

按照国家标准，普通平板玻璃根据其外观质量进行分等定级，引拉法生产的平板玻璃分为特等品、一等品和二等品三个等级。浮法玻璃分为优等品、一级品和合格品三个等级。其玻璃缺陷（如玻璃中的气泡、夹杂物、划伤、线道、雾斑等）见表 6-1 和表 6-2。

表 6-1 普通平板玻璃的等级

缺陷种类	说　　明	特等品	一等品	二等品
波筋（包括波纹辊子花）	允许看出波筋的最大角度	30°	45°50mm 边部，60°	60°100mm 边部，90°
气泡	长度 1mm 以下的	集中的不允许	集中的不允许	不限
	长度大于 1mm 的，每平方米面积允许个数	≤6mm，6	≤8mm，8 8～10mm，2	≤10mm，10 10～20mm，2
划伤	宽度 0.1mm 以下的，每平方米面积允许条数	长度≤50mm，4	长度≤100mm，4	不限
	宽度 0.1mm 的，每平方米面积允许条数	不许有	宽 0.1～0.4mm 长＜100mm	宽 0.1～0.8mm 长＜100mm
砂粒	非破坏性的，直径 0.5～2mm，每平方米面积允许个数	不许有	3	10
疙瘩	非破坏性的透明疙瘩，波及范围直径不超过 3mm，每平方米面积允许个数	不许有	1	3
线道		不许有	30mm 边部允许有 0.5mm 以下的 1 条	宽 0.5mm 以下的 2 条

注：1. 集中气泡是指 100mm 直径面积内超过 6 个。

　　2. 砂粒的延续部分，90°角能看出者当线道论。

表 6-2 普通平板玻璃厚度允许偏差　　　　　　（单位：mm）

引拉法玻璃		浮法玻璃	
厚度	允许偏差	厚度	允许偏差
2	±0.15	2、3、4、5、6	±0.20
3	±0.20	8、10	±0.30
4	±0.20	12	±0.40
5	±0.25	15	±0.60
6	±0.30	19	±1.00

实际工程中，由于玻璃是透明物体，在挑选时经过目测，基本就能鉴别出质量好坏。外观质量主要是检查平整度、厚度，观察有无气泡、夹杂物、划伤、线道和雾斑等质量缺陷，存在此类缺陷的玻璃，在使用中会发生变形，会降低玻璃的透明度、机械强度和玻璃的热稳定性，工程上不宜选用。

2. 平板玻璃的应用

平板玻璃的用途有两个方面：3～5mm 的平板玻璃一般直接用于门窗的采光，8～12mm 的平板玻璃可用于隔断、玻璃构件，如图 6-5、图 6-6 所示。另外的一个重要用途是作为钢化、夹层、镀膜、中空等深加工玻璃的原片。

图 6-5 平板玻璃窗户 　　　　　　　　　图 6-6　平板玻璃隔墙

6.3　安全玻璃

　　安全玻璃是指为减小玻璃的脆性、提高使用强度，对玻璃进行改性后的玻璃统称为安全玻璃。安全玻璃主要有钢化玻璃、夹丝玻璃和夹层玻璃等。

6.3.1　钢化玻璃

1. 钢化玻璃的定义

　　凡通过物理钢化（淬火）或化学钢化处理的玻璃称为钢化玻璃。

　　（1）物理钢化玻璃。是将普通平板玻璃在加热炉中加热到接近软化点温度（650℃左右），使之通过本身的形变来消除内部应力，然后移出加热炉，立即用多头喷嘴向玻璃两面喷吹冷空气，使之迅速且均匀地冷却。

　　（2）化学钢化玻璃。化学钢化玻璃采用离子交换法进行钢化，其方法是将含碱金属离子钠（Na^+）或钾（K^+）的硅酸盐玻璃浸入熔融状态的锂（Li^+）盐中，使钠或钾离子在表面层发生离子交换，使表面层形成锂离子的交换层。当冷却到常温后，玻璃便处于内层受拉应力、外层受压应力的状态，其效果与物理钢化相似，因此提高了应用强度。

2. 钢化玻璃的特性

　　（1）机械强度高。玻璃经钢化处理产生了均匀的内应力，使玻璃表面具有预压应力。它的机械强度比经过良好的退火处理的玻璃高 3～10 倍，抗冲击性能也有较大提高。

　　（2）安全性好。钢化玻璃因内部处于较大拉应力的状态，一旦出现破碎，首先出现网状裂纹，破碎后形成不具有锐利棱角的碎块，不易伤人，如图 6-7 所示。

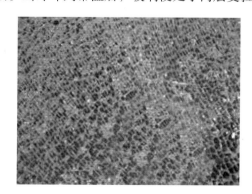

图 6-7　钢化玻璃破碎状

（3）热稳定性高。钢化玻璃强度高，热稳定性也较高，在受急冷急热作用时，不易发生炸裂。钢化玻璃耐热冲击，最大安全工作温度为287.78℃，能承受204.44℃的温差变化。

（4）弹性好。钢化玻璃的弹性比普通玻璃大得多，一块1200mm×350mm×6mm的钢化玻璃，受力后可发生达100mm的弯曲挠度，当外力撤除后，仍能恢复原状，而普通平板玻璃的弯曲变形只能有几毫米，若再进一步弯曲，则将发生折断破坏。

3. 热弯钢化玻璃

普通热弯玻璃是将浮法玻璃原片加热至软化温度后，靠玻璃自重或外界作用力将玻璃弯曲成型并经自然冷却而成的玻璃成品。热弯钢化玻璃是将普通玻璃根据一定的弯曲半径通过加热，急冷处理后，由于表面强度成倍增加，使玻璃原有平面形成曲面的安全玻璃，如图6-8所示。

图6-8　热弯钢化玻璃

4. 钢化玻璃的用途

由于钢化玻璃具有较好力学性能和耐热性能，所以在汽车工业、建筑工程以及其他工业得到广泛应用。平板钢化玻璃主要用于高层建筑的门窗、幕墙、隔墙、屏蔽及商店橱窗等；曲面钢化玻璃主要用做汽车车窗玻璃、家具等。同时，《建筑安全玻璃管理规定》中规定，在室内装修中，包括顶棚（含天窗、采光顶）、吊顶、楼梯、阳台、平台走廊以及卫生间的淋浴隔断、浴缸隔断、浴室门八个部位必须使用安全玻璃。针对门玻璃和固定门玻璃，特别要求：当玻璃面积大于或等于0.5m^{2}时，有框玻璃应使用安全玻璃；无框玻璃必须使用安全玻璃，且厚度不小于10mm，如图6-9、图6-10所示。

图6-9　钢化玻璃窗户

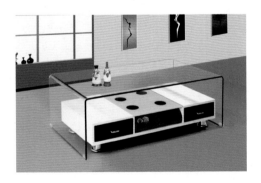

图6-10　钢化玻璃家具

6.3.2　夹丝玻璃

1. 夹丝玻璃的定义

夹丝玻璃是将预先编织好的钢丝网（钢丝直径一般为0.4mm左右）压入已加热软化的红热玻璃之中而制成。钢丝网在夹丝玻璃中起增强作用，使其抗折强度和耐温度剧变性都比普通玻璃高，破碎时即使出现许多裂缝，但其碎片仍附着在钢丝网上，不会四处飞溅伤人。

我国生产的夹丝玻璃可分为夹丝压花玻璃和夹丝磨光玻璃两类。夹丝压花玻璃在一面压有花纹，因而透光而不透视；夹丝磨光玻璃是对其表面进行磨光的夹丝玻璃，可透光透视，如图 6-11 所示。

图 6-11　夹丝玻璃

2. 夹丝玻璃的特性

（1）具有安全和防火特性。夹丝玻璃与普通平板玻璃相比，具有耐冲击性和耐热性好，在外力作用和温度急剧变化时破而不缺、裂而不散的优点，尤其是具有一定的防火性能，故又称防火玻璃。

（2）强度较低。夹丝玻璃由于在玻璃中镶嵌了金属物，实际上破坏了玻璃的均一性，降低了玻璃的机械强度。

（3）耐急冷急热性能差。

（4）因对夹丝玻璃的切割会造成丝网边缘外露，容易锈蚀。

3. 夹丝玻璃的用途

夹丝玻璃常用于建筑物的天窗、顶棚顶盖以及易受振动的门窗部位。彩色夹丝玻璃因其具有良好的装饰功能，可用于阳台、楼梯、电梯间等处。

6.3.3　夹层玻璃

1. 夹层玻璃的定义

夹层玻璃是在两片或多片平板玻璃之间嵌夹透明、有弹性、黏结力强、耐穿透性好的透明薄膜塑料，在一定温度、压力下胶合成整体平面或曲面的复合玻璃制品，如图 6-12 所示。由多层玻璃高压聚合而成的夹层玻璃，还被称为"防弹玻璃"，如图 6-13 所示。

2. 夹层玻璃的特性

（1）夹层玻璃的原片一般采用普通平板玻璃、钢化玻璃、浮法玻璃、吸热玻璃或热反射玻璃等制成，因此，夹层玻璃透明性好，抗冲击性能比普通平板玻璃高出几倍。

（2）由于夹层玻璃中间有塑料衬片的黏合作用，破坏时只产生辐射状的裂纹，而不落碎片，所以安全性好。

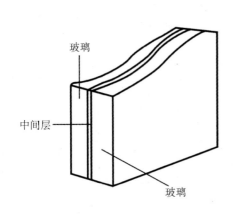

图 6-12　夹层玻璃的构造　　　　　　　　图 6-13　防弹玻璃

（3）具有耐热、耐寒、耐湿、耐久等特点；另外由于 PVB 胶片的作用，夹层玻璃还具有节能、隔声、防紫外线等功能。

（4）中间层如使用各种色彩的 PVB 胶片，还可制成色彩丰富多样的彩色夹层玻璃。

3. 夹层玻璃的用途

夹层玻璃不仅可作为采光材料，而且具有良好的隔声、防紫外线穿透等作用，彩色夹层玻璃还具有控制阳光、美化建筑的功能。可广泛用于宾馆、临街建筑、医院、商店、学校、机场等处。另外，具有防暴、防盗、防弹之用，还可用于陈列柜、展览厅、水族馆、动物园、观赏性玻璃隔断。

6.4　节能玻璃

门窗是建筑节能的薄弱环节和关键部位，节能玻璃在一定程度上降低了门窗的能耗。所谓节能玻璃实际上是玻璃除传统的采光功能外，还具有一定的保温、隔热、隔声等功能。目前建筑上常用的节能玻璃有吸热玻璃、热反射玻璃和中空玻璃等。

6.4.1　吸热玻璃

1. 吸热玻璃的定义

吸热玻璃是一种能控制阳光中热能透过的玻璃，它可以显著地吸收阳光中热作用较强的红外线、近红外线，而又能保持良好的透明度。吸热玻璃通常都带有一定的颜色，所以又称着色吸热玻璃。

吸热玻璃的制造一般有两种方法：一种方法是在普通玻璃中加入一定量的着色剂，着色剂通常为过渡金属氧化物（如氧化亚铁、氧化镍等），它们具有强烈吸收阳光中红外辐射的能力；另一种方法是在玻璃的表面喷涂具有吸热和着色能力的氧化物薄膜（如氧化锡、氧化锑等）。吸热玻璃常带有蓝色、茶色、灰色、绿色、古铜色等色泽。

2. 吸热玻璃的特性

（1）能吸收一定量的太阳辐射热。吸热玻璃主要是遮蔽辐射热，其颜色和厚度不同，对太阳的辐射热吸收程度也不同。图 6-14 所示为吸热玻璃与同厚度的浮法玻璃吸收太阳辐射热性能的比较。

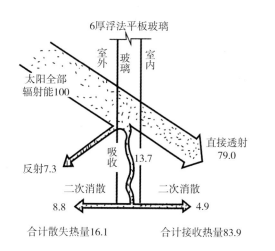
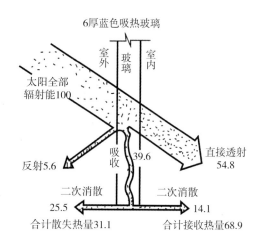

图 6-14　吸收太阳能辐射热比较图

（2）吸收太阳的可见光。吸热玻璃比普通玻璃吸收的可见光要多得多，0.6mm 厚古铜色吸热玻璃吸收太阳的可见光是同样厚度的普通玻璃的 3 倍。这一特点能使透过的阳光变得柔和，能有效地改善室内色泽。

（3）吸收太阳的紫外线。吸热玻璃能有效地防止紫外线对室内家具、日用器具、商品、档案资料与书籍等的照射而产生的褪色和变质。

（4）具有一定的透明度。

（5）色泽多样，能丰富建筑物外观。

3. 吸热玻璃的用途

吸热玻璃可用于既有采光要求又有隔热要求的建筑门窗及外墙。一般多用作建筑物的门窗或玻璃幕墙。此外，它还可以按不同的用途进行加工，制成磨光、夹层、中空玻璃等。在纽约曼哈顿岛东河岸边 1953 年建成的联合国总部大厦是最早采用玻璃幕墙的建筑，前后立面都采用铝合金框格的暗绿色吸热玻璃幕墙，如图 6-15 所示。

图 6-15　联合国总部大厦

6.4.2　热反射玻璃

1. 热反射玻璃的定义

热反射玻璃是由无色透明的平板玻璃表面镀一层或多层诸如铬、钛或不锈钢等金属或其化合物组成的薄膜，以改变玻璃的光学性能，满足某种特定要求。热反射玻璃产品呈丰富的色彩，对于可见光有适当的透射率，对红外线有较高的反射率，对紫外线有较高吸收率，又称镀膜玻璃或阳光控制膜玻璃，如图6-16所示。

图6-16　热反射玻璃产品

2. 热反射玻璃的特性

（1）对光线的反射和遮蔽作用，又称为阳光控制能力。热反射玻璃对可见光的透射率可控在20%～65%的范围内，它对阳光中热作用强的红外线和近红外线的反射率可高达30%以上，而普通玻璃只有7%～8%。这种玻璃可在保证室内采光柔和的条件下，有效地屏蔽进入室内的太阳辐射能。

（2）单向透视性。热反射玻璃的镀膜层具有单向透视性。在装有热反射玻璃幕墙的建筑里，白天人们从室外（光线强烈的一面）向室内（光线较暗弱的一面）看去，由于热反射玻璃的镜面反射特性，看到的是街道上流动着的车辆和行人组成的街景，而看不到室内的人和物，但从室内可以清晰地看到室外的景色。晚间正好相反。

（3）镜面效应。热反射玻璃具有强烈的镜面效应，因此又称为镜面玻璃，如图6-17所示。用这种玻璃作玻璃幕墙，可将周围的景观及天空的云彩映射在幕墙之上，构成一幅绚丽的图画。

3. 热反射玻璃的用途

热反射玻璃具有良好的节能和装饰效果，广泛地应用于建筑的门窗、幕墙等，同时还可以制作高性能中空玻璃、夹层玻璃等复合玻璃制品。但热反射玻璃幕墙使用不当会造成光污染和建筑物周围温度升高。

6.4.3　中空玻璃

1. 中空玻璃的结构

中空玻璃是由两片或多片平板玻璃用边框隔开，中间充以干燥的空气或惰性气体，四周边缘部分用胶结或焊接方法密封而成的。中空玻璃按玻璃层数，有双层和多层之分，一般是双层结构，如图6-18所示。图6-19所示为中空玻璃窗的构造样品。

图6-17　镜面玻璃图例

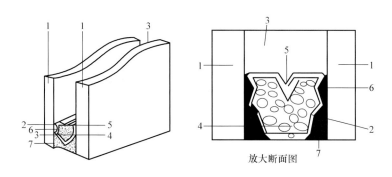

图 6-18　中空玻璃的结构

1—玻璃原片　2—空气铝格框　3—干燥空气　4—干燥剂　5—缝隙　6、7—胶结剂

制作中空玻璃的原片可以是普通玻璃、浮法玻璃、钢化玻璃、夹丝玻璃、着色玻璃和热反射玻璃、低辐射膜玻璃等，厚度通常可用 3mm、4mm、5mm 和 6mm。中空玻璃的中间空气层厚度为 6～12mm。

2. 中空玻璃的特性

（1）光学性能。中空玻璃的光学性能取决于所用的玻璃原片，由于中空玻璃所选用的玻璃原片具有不同的光学性能，因此制成的中空玻璃其可见光透射率、太阳能反射率、吸收率及色彩可在很大范围内变化。

（2）热工性能。由于中空玻璃的中间有真空或惰性气体，所以它比单层玻璃具有更好的保温隔热性能。如厚度 3～12mm 的无色透明玻璃，其热导率为 6.5～5.9W/（m^2·K），而以 6mm 厚玻璃为原片，玻璃间隔（即空气层厚度）为 6mm 和 9mm 的普通中空

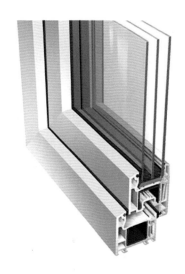

图 6-19　中空玻璃窗构造

玻璃，其热导率分别为 3.4W/（m^2·K）和 3.1W/（m^2·K），可见热导率减少了一半。由双层低辐射玻璃制成的高性能中空玻璃，隔热保温性能更佳，尤其适用于寒冷地区和需要保温隔热、降低采暖能耗的建筑物。

（3）防结露功能。建筑物外围护结构结露的原因一般是在室内一定的湿度环境下，物体表面温度降到某一数值时，湿空气使其表面结露、直至结霜（表面温度在 0℃ 以下）。玻璃窗结露之后严重影响玻璃的透视和采光性能，并会引起其他一些不良效果。由于中空玻璃内部存在着可以吸附水分子的干燥剂，气体是干燥的，在温度降低时，中空玻璃的内部也不会产生凝露的现象，同时，在中空玻璃的外表面结露点也会升高。

（4）隔声性能。中空玻璃具有较好的隔声性能，一般可使噪声下降 30～40dB。

（5）装饰性能。由于中空玻璃是由各种原片玻璃制成，所以具有品种繁多、色彩鲜艳等优点，其装饰效果好。

（6）安全性。在使用相同厚度的原片玻璃的情况下，中空玻璃的抗风压强度是普通单片玻璃的 1.5 倍。

3. 中空玻璃的用途

由于国家强制实行建筑节能，中空玻璃又是较好的节能材料，现已被广泛地应用于严寒地区、寒冷地区和夏热冬冷地区建筑的门窗、外墙等。

注：中空玻璃是在工厂按尺寸生产，现场不能切割加工，所以使用前必须先选好尺寸。

6.5 装饰玻璃

6.5.1 彩色玻璃

彩色玻璃有透明和不透明两种。透明彩色玻璃是在玻璃原料中加入一定量的金属氧化物而制成。不透明彩色玻璃又名釉面玻璃，它是以平板玻璃、磨光玻璃或玻璃砖等为基料，在玻璃表面涂敷一层熔性色釉，加热到彩釉的熔融温度，使色釉与玻璃牢固结合在一起，在经退火或钢化而成。彩色玻璃的彩面也可用有机高分子涂料制得。

彩色玻璃的颜色有红色、黄色、蓝色、黑色、绿色、灰色等十余种，如图 6-20 所示。可以镶拼成各种图案花纹，具有独特的装饰效果。欧洲中世纪基督教教堂小块的彩色玻璃镶嵌而成的一幅幅色彩斑斓的图画，给教堂增加了神秘的宗教气氛，如图 6-21 所示。

图 6-20　彩色玻璃顶棚　　　　图 6-21　欧洲基督教教堂
　　　　　　　　　　　　　　　　　　　彩色玻璃窗

6.5.2 玻璃锦砖

玻璃锦砖又称玻璃马赛克，它含有未熔融的微小晶体（主要是石英）的乳浊状半透明玻璃质材料，是一种小规格的饰面玻璃制品。单块玻璃锦砖的规格一般为 20～50mm 见方、厚度 4～6mm，四周侧面呈斜面，正面光滑，背面略带凹状沟槽，以利于铺贴时黏结。为便于施工，出厂前将玻璃锦砖按设计图案反贴在牛皮纸上，贴成 305.5mm×305.5mm 见方，称为一联，如图 6-22 所示。

玻璃锦砖的特点：

（1）玻璃锦砖的颜色丰富，可拼装成各种图案，美观大方，且耐腐蚀、不褪色。

（2）由于玻璃具有光滑表面，所以具有不吸水、不吸尘、抗污性好的特点。

（3）玻璃锦砖具有体积小、质量轻、黏结牢固的特点，特别适合于建筑的内外墙面装饰。

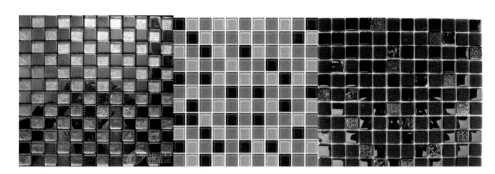

图 6-22　玻璃锦砖组图

6.5.3　镜面玻璃

镜面玻璃是镜面镀膜玻璃的简称，它是镀膜玻璃的一种，是在无色透明平板玻璃上，镀一层金属及金属氧化物或有机物薄膜，以控制玻璃的透光率，并提高玻璃对太阳入射光和能量的控制能力，提高阻挡太阳热量的能力。常用的颜色有银色、茶色等。镜面玻璃的特点：尺寸大；物像不失真；耐潮湿、耐腐蚀、耐磨损。适用于当镜面、家具、墙面装饰之用，如图 6-23 所示。

6.5.4　磨砂玻璃

磨砂玻璃又称毛玻璃，是将平板玻璃的表面机械喷砂或手工研磨或氢氟酸溶蚀等方法处理成均匀的毛面。其特点是透光不透视，且光线不刺眼，用于要求透光而不透视的部位，如卫生间、浴室、办公室等的门窗及隔断，如图 6-24 所示。

图 6-23　镜面玻璃装饰的走道

图 6-24　办公室玻璃隔断

6.5.5 花纹玻璃

1. 压花玻璃

压花玻璃又称滚花玻璃，是在熔融玻璃冷却硬化前，以刻有花纹的辊轴对辊压延，在玻璃单面或两面压出深浅不同的各种花纹图案而成。压花玻璃不仅美观，还由于花纹的凹凸变化使光线漫射而失去透视性，造成从玻璃一面看另一面物体时，物像显得模糊不清，如图6-25所示。

2. 喷花玻璃

喷花玻璃又称胶花玻璃，是以平板玻璃表面贴以花纹图案，再有选择地涂抹护面层，经喷砂处理而成，如图6-26所示。

图6-25 压花玻璃

图6-26 喷花玻璃

3. 刻花玻璃

刻花玻璃是由平板玻璃经涂漆、雕刻、围蜡、酸蚀、研磨等制作而成。图案的立体感强，似浮雕一般，在室内灯光的照射下，更是熠熠生辉，如图6-27所示。

4. 彩绘玻璃

彩绘玻璃又称喷绘玻璃。它是使用特殊颜料直接着色于玻璃，或者在玻璃上喷雕成各种图案再加上色彩制成的，可逼真地复制原画，而且画膜附着力强、耐候性好，可进行擦洗，如图6-28所示。

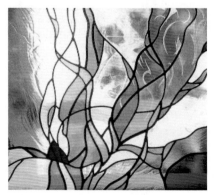

图6-27 刻花玻璃

图6-28 彩绘玻璃

6.5.6 热熔玻璃

热熔玻璃又称水晶立体艺术玻璃,它跨越了现有的玻璃形态,使平板玻璃加工出各种凹凸有致、色彩各异的玻璃艺术饰品。热熔玻璃是采用平板玻璃和无机色料为主要原料,加热玻璃直至软化点以上时,经模压成型后退火而成,如图6-29、图6-30所示。

 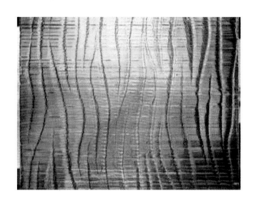

图 6-29　热熔玻璃（1）　　　　　　　　　　图 6-30　热熔玻璃（2）

6.5.7 冰花玻璃

冰花玻璃是一种将具有很强黏附力的胶液均匀地涂在玻璃的表面上,因胶液在干燥过程中体积的强烈收缩,而胶体与粗糙的玻璃表面良好的黏结性,使得玻璃表面发生不规则撕裂现象,产生冰花的一种工艺品。胶体薄膜因龟裂而产生的裂纹成为撕裂的界线,犹如叶子的茎脉,而在撕裂表面形成凹凸起伏、连续而不规则的美丽"冰花"花纹。冰花玻璃具有立体感强,花纹自然,质感柔和,透光不透明,视感舒适的特点,如图6-31、图6-32所示。

图 6-31　冰花玻璃（1）　　　　　　　　　　图 6-32　冰花玻璃（2）

6.5.8 镭射玻璃（光栅玻璃）

镭射玻璃是以玻璃为基材,用特殊的材料,经特种工艺处理,玻璃背面出现全息光栅或其他光栅, 在阳光、月光、灯光等光源照射下, 形成物理衍射的七彩光的玻璃。在同一感光面上会因光线入射角的不同也会出现不同的色彩变化, 使空间变得绚丽多彩。镭射玻璃适用于酒店、宾馆和各种商业、文化、娱乐设施, 如图 6-33 所示。

6.5.9 空心玻璃砖

空心玻璃砖是由两个凹型玻璃砖坯 (如同烟灰缸) 熔接而成的玻璃制品。砖坯扣合、周边密封后中间形成空腔, 空腔内有干燥并微带负压的空气。玻璃壁厚度 8 ~ 10mm。空心玻璃砖按空腔的不同分为单腔和双腔两种。空心玻璃砖按形状分有正方形、矩形和各种异型产品。

空心玻璃砖具有耐压、抗冲击、耐酸、隔声、隔热、防火、防爆、透明度高和装饰性好等特点。空心玻璃砖一般用来砌筑非承重的透光墙壁, 建筑物的内外隔墙、淋浴隔断、门厅、通道及建筑物的地面等处, 用于控制透光、眩光和日光的场合, 如图 6-34 所示。

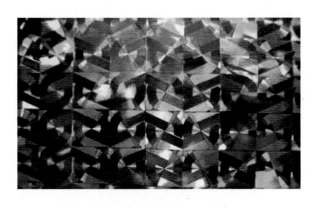

图 6-33　镭射玻璃

图 6-34　空心玻璃砖隔断

6.5.10 微晶玻璃

微晶玻璃是通过基础玻璃在加热过程中进行控制晶化而制得的一种含有大量微晶体的多晶固体材料。微晶玻璃的结构、性能及生产方法同玻璃和陶瓷都有所不同, 其性能集中了两者的特点, 成为一类独特的材料。

微晶玻璃装饰板主要作为高级建筑装饰新材料替代天然石材。与天然石材相比有以下特点:

（1）自然柔和的质地和色泽。

（2）强度大、耐磨性好、质量轻。

（3）吸水性小、污染性小。

（4）颜色丰富、加工容易。

（5）优良的耐候性和耐久性。

（6）原料来源广泛。

微晶玻璃装饰板类似于天然石材，用作内外墙装饰材料，厅堂的地面和微晶玻璃幕墙等建筑装饰。低膨胀微晶玻璃也经常用作橱柜的表面等，如图 6-35、图 6-36 所示。

图 6-35　微晶玻璃（1）　　　　　　　　　　图 6-36　微晶玻璃（2）

第7章 建筑涂料

涂料是一种呈流动状态并可液化的固体粉末、厚浆状态的物质，将它涂敷于物体表面，能与基体材料很好地黏结并形成完整而坚韧保护膜，从而起到装饰、保护等作用。涂料与其他饰面材料相比，具有质量轻、色彩丰富、附着力强、施工方便、价廉以及耐水、耐污染等特点，所以广泛应用于建筑内外墙、顶棚、地面等饰面。

7.1 涂料的基本知识

7.1.1 涂料的组成

涂料最早是以天然植物油脂、天然树脂如亚麻子油、桐油、松香、生漆等为主要原料，故以前称为油漆。现在许多新型涂料已不再使用植物油脂，合成树脂已经取代天然树脂，油漆仅是一类油性涂料。

按涂料中各组分所起的作用不同，涂料可分为主要成膜物质、次要成膜物质和辅助成膜物质。

1. 主要成膜物质

主要成膜物质又称胶粘剂或固化剂。其作用是将涂料中的其他组分黏结成一体，并使涂料附着在被涂基层的表面形成坚韧的保护膜。主要成膜物质一般为高分子化合物或成膜后能形成高分子化合物的有机物质，如合成树脂或天然树脂以及动植物油等。

（1）油料。在涂料工业中，油料（主要为植物油）是一种主要的原料，用来制造各种油类加工产品、清漆、色漆、油改性合成树脂以及作为增塑剂使用。在目前的涂料生产中，含有植物油的品种仍占较大比重。涂料工业中应用的油类分为干性油、半干性油和不干性油三类。

（2）树脂。涂料用树脂有天然树脂、人造树脂和合成树脂三类。天然树脂是指天然材料经处理制成的树脂，主要有松香、虫胶和沥青等；人造树脂是由有机高分子化合物经加工而制成的树脂，如松香甘油酯（酯胶）、硝化纤维等；合成树脂是由单体经聚合或缩聚而制得的，如醇酸树脂、氨基树脂、丙烯酸酯、环氧树脂、聚氨酯等。其中合成树脂涂料是现代涂料工业中产量最大、品种最多、应用最广的涂料。

2. 次要成膜物质

次要成膜物质的主要组分是颜料和填料（有的称为着色颜料和体质颜料），但它不能离开主要成膜物质而单独构成涂膜。

颜料是一种不溶于水、溶剂或涂料基料的一种微细粉末状的有色物质，能均匀地分散在涂料介质中，涂于物体表面形成色层。颜料在建筑涂料中不仅能使涂层具有一定的遮盖能力，增加涂层色彩，而且还能增强涂膜本身的强度。颜料还有防止紫外线穿透的作用，从而可以提高涂层的耐老化性及耐候性。同时，颜料能使涂膜抑制金属腐蚀，具有耐高温等特殊效果。

颜料的品种很多，按它们的化学组成可分为有机颜料和无机颜料两大类；按它们的来源可分为天然颜料和合成颜料；按它们所起的作用可分为着色颜料、防锈颜料和体质颜料等。

着色颜料的主要作用是着色和遮盖物面，是颜料中品种最多的一类。着色颜料根据它们的色彩可分为红、黄、蓝、白、黑及金属光泽等类。防锈颜料的主要作用是防金属锈蚀，品种有红丹、锌铬黄、氧化铁红、偏硼酸钡、铝粉等。体质颜料又称填料，它们不具有遮盖力和着色力，其主要作用是增加涂膜厚度、加强涂膜体质、提高涂膜耐磨性，这类产品大部分是天然产品和工业上的副产品，如碳酸钙、碳酸钡、滑石粉等。

3. 辅助成膜物质

辅助成膜物质不能构成涂膜或不是构成涂膜的主体，但对涂膜的成膜过程有很大影响，或对涂膜的性能起一些辅助作用。辅助成膜物质主要包括溶剂和辅助材料两大类。

（1）溶剂。溶剂又称稀释剂，是液态建筑涂料的主要成分。溶剂是一种能溶解油料、树脂，又易挥发，能使树脂成膜的物质。涂料涂刷到基层上后，溶剂蒸发，涂料逐渐干燥硬化，最终形成均匀、连续的涂膜。它们最后并不留在涂膜中，因此称为辅助成膜物质。溶剂和水与涂膜的形成及其质量、成本等有密切的关系。

配制溶剂型合成树脂涂料选择有机溶剂时，首先应考虑有机溶剂对基料树脂的溶解力；此外，还应考虑有机溶剂本身的挥发性、易燃性和毒性等对配制涂料的适应性。

常用的有机溶剂有松香水、酒精、汽油、苯、二甲苯、丙酮等。对于乳胶型涂料，是借助具有表面活性的乳化剂，以水为稀释剂，而不采用有机溶剂。

（2）辅助材料。有了成膜物质、颜料和溶剂，就构成了涂料，但为了改善涂膜的性能，诸如涂膜干燥时间、柔韧性、抗氧化性、抗紫外线作用、耐老化性能等，还常在涂料中加入一些辅助材料。辅助材料又称为助剂，它们掺量很少，但作用显著。建筑涂料使用的助剂品种繁多，常用的有以下几种类型：催干剂、固化剂、催化剂、引发剂、增塑剂、紫外光吸收剂、抗氧剂、防老剂等。某些功能性涂料还需采用具有特殊功能的助剂，如防火涂料用的难燃助剂，膨胀型防火涂料用的发泡剂等。

7.1.2 涂料的作用

1. 保护作用

建筑涂料通过刷涂、滚涂或喷涂等施工方法，涂敷在建筑物的表面上，形成连续的薄膜，厚度适中，有一定的硬度和韧性，并具有耐磨、耐候、耐化学侵蚀以及抗污染等功能，可以提高建筑物的使用寿命。

2. 装饰作用

建筑涂料所形成的涂层能装饰美化建筑物。若在涂料中掺加粗、细骨料，再采用拉毛、喷涂和滚花等方法进行施工，可以获得各种纹理、图案及质感的涂层，使建筑物产生不同凡响的艺术效果，以达到美化环境，装饰建筑的目的。

3. 改善建筑的使用功能

建筑涂料能提高室内的亮度，起到吸声和隔热的作用；一些特殊用途的涂料还能使建筑具有防火、防水、防霉、防静电等功能。

在工业建筑、道路设施等构筑物上，涂料还可起到标志作用和色彩调节作用，在美化环境的同时提高了人们的安全意识，改善了心理状况，减少了不必要的损失。

7.1.3 涂料的分类

建筑涂料品种繁多，性能各异。目前尚无统一的分类方法，一般按使用部位、使用功能、化学组成成分不同进行分类。

按使用部位分为外墙涂料、内墙涂料和地面涂料等。

按主要成膜物质中所包含的树脂可分为油漆类、天然树脂类、醇酸树脂类、丙烯酸树脂类、聚酯树脂类和辅助材料类等共18类。

根据漆膜光泽的强弱又把涂料分为无光、半光（或称平光）和有光等品种。

按形成涂膜的质感可分为薄质涂料、厚质涂料和粒状涂料三种。

根据主要成膜物质的化学成分分为有机涂料、无机涂料和复合涂料，其中有机涂料又分为溶剂型、无溶剂型和水溶型或水乳胶型，水溶型和水乳胶型统称为水性涂料。

（1）溶剂型涂料。是以高分子合成树脂为主要成膜物质，有机溶剂为稀释剂，加入一定量的颜料、填料及助剂，经混合、搅拌溶解、研磨而配制成的一种挥发性涂料。涂刷在外墙面以后，随着涂料中所含溶剂的挥发，成膜物质与其他不挥发组分共同形成均匀连续的薄膜，即涂层。

优点：成膜快，适应低温，使用广，内外墙和地面施工方便，耐候性好，耐化学腐蚀性强，耐水、耐霉性好等。缺点：透气性差，易燃，挥发有害物质。

（2）以高分子合成树脂乳液为主要成膜物质的涂料称为乳液型涂料。又称乳胶漆。按乳液制造方法不同可以分为两类：一是由单体通过乳液聚合工艺直接合成的乳液；二是由高分子合成树脂通过乳化方法制成的乳液。

乳液型涂料优点：①以水为分散介质。涂料中无易燃的有机溶剂，因而不会污染周围环境，不易发生火灾，对人体的毒性小。②施工方便。③涂料透气性好。④外用乳液型涂料的耐候性良好。

乳液型外墙涂料存在的主要问题是其在太低的温度下不能形成优质的涂膜，通常必须在10℃以上施工才能保证质量，因而冬季一般不宜应用。

（3）无机涂料。以无机材料（如水玻璃）为胶粘剂，加入一定量的颜料、填料及助剂，经混合搅拌而成。特点：价格低，不燃，无毒，对基层无要求。

（4）复合涂料。有机与无机复合。克服了有机和无机的缺点，发挥各自优点，还能制成特殊涂料，如：反光涂料、防辐射涂料等。

7.2 常用的外墙涂料

外墙涂料主要是装饰和保护建筑物的外墙面，因此外墙涂料应具有装饰性好、耐水性好、耐沾污性好和耐候性好的性能。外墙涂料大致可分为：聚乙烯醇缩丁醛外墙涂料、改性聚乙烯醇外墙涂料、过氯乙烯外墙涂料、丙烯酸酯外墙涂料、有机硅改性丙烯酸树脂外墙涂料、硅丙树脂外墙涂料、醇酸树脂外墙涂料、氯化橡胶外墙涂料、高耐候性外墙乳胶涂料、氟碳外墙涂料。

7.2.1 外墙乳胶漆

外墙乳胶漆是多用于室外的一种合成树脂乳液涂料，它是有机涂料的一种，是以合成树脂乳液为基料，加入颜料、填料及各种助剂配制而成的一类水性涂料。乳胶漆按涂料的质感又可分为薄质类乳液涂料、厚质类乳液涂料及彩色砂壁状涂料等。

（1）薄质类外墙涂料。大部分彩色丙烯酸有光乳胶漆，均是薄质涂料。它是以有机高分子材料为主要成膜物质，加上不同的颜料、填料和骨料而制成的薄涂料。其特点是耐水、耐酸、耐碱、抗冻融等，如图 7-1 所示。

图 7-1　外墙乳胶漆应用

（2）厚质类外墙涂料。厚质类外墙涂料是指丙烯酸凹凸乳胶底漆，它是以有机高分子材料——苯乙烯、丙烯酸、乳胶液为主要成膜物质，加上不同的颜料、填料和骨料而制成的厚涂料。特点是耐水性好、耐碱性、耐污染、耐候性好，施工维修容易。

（3）彩砂类外墙涂料。彩砂涂料是以丙烯酸共聚乳液为胶粘剂，由高温烧结的彩色陶瓷粒或以天然带色的石屑作为骨料，外加添加剂等多种助剂配置而成。该涂料无毒，无溶剂污染，快干，不燃，耐强光，不褪色，耐污染性能好。利用骨料的不同组配可以使深层色彩形成不同层次，取得类似天然石材的丰富色彩的质感。彩砂涂料的品种有单色和复色两种，彩砂涂料主要用于各种板材及水泥砂浆抹面的外墙面装饰，如图 7-2、图 7-3 所示。

真石漆属于彩砂类外墙涂料，是工程中用的较多的一种。它采用各种颜色的天然石粉配制而成，干结固化后坚硬如石，看起来像天然真石一样，装饰效果酷似大理石、花岗石。真石漆特点：

（1）成本远低于花岗石。

（2）适用于多种基面、异形面，可随建筑物造型任意涂装。

（3）涂层表面凹凸柔顺，层次感分明，具有天然花岗石般的美感。

（4）超强的耐候性、抗紫外线能力，其柔韧性、自洁性、耐酸碱性、寿命是普通涂料的 3~5 倍。

图 7-2　彩砂类外墙涂料（1）　　　　　图 7-3　彩砂类外墙涂料（2）

（5）可按客户选定的花岗石样板订制，能满足各种花岗石纹理、品种。

（6）一次喷涂成型，施工效率高，涂层饱满、厚实、丰润。

真石漆按照被施工物的表面的物理性质，分为沙面真石漆与覆面真石漆两种。真石漆产品色系有：黑色系列、红色系列、黄色系列、白色系列、绿色系列等。

7.2.2　外墙氟碳漆

外墙氟碳漆是指以氟树脂为主要成膜物质的涂料；又称氟碳漆、氟涂料、氟树脂涂料等。在各种涂料之中，氟树脂涂料由于引入的氟元素电负性大，碳氟键能强，因此具有特别优越的各项性能。外墙氟碳漆具有超常的耐候性、漆膜不刮落、不褪色，时间长、寿命可达20年。外墙氟碳漆还具有突出的耐污性、附着力强，优异的耐化学腐蚀性和耐洗刷性等特点。

外墙氟碳涂料适合于高层、超高层、别墅等建筑外墙、屋顶、高速公路围栏、桥梁等重要建筑以及各种金属表面的涂装，如图 7-4、图 7-5 所示。

图 7-4　外墙氟碳漆应用（1）　　　　　图 7-5　外墙氟碳漆应用（2）

7.3 常用的内墙涂料

内墙涂料的主要功能是装饰及保护室内墙面，让人们处于舒适的环境中。对内墙涂料的要求是：色彩丰富、施工简单、健康环保、价廉质优。

内墙涂料的分类如图7-6所示。

内墙涂料
- 溶剂型涂料
- 合成树脂乳液涂料
- 水溶性涂料
  - 改性聚乙烯醇系内墙涂料
  - 聚乙烯醇水玻璃内墙涂料
  - 聚乙烯醇缩甲醛内墙涂料
- 多彩花纹内墙涂料
- 幻彩涂料
- 防瓷涂料、纤维涂料、仿绒涂料、彩砂涂料等

图 7-6 内墙涂料分类

7.3.1 内墙乳胶漆

前面介绍的乳液型外墙涂料均可作为内墙装饰使用。但常用的建筑内墙乳胶漆以平光漆为主，其主要产品为醋酸乙烯乳胶漆。内墙乳胶漆特点：

（1）安全无毒无味。解决了油漆工作中由于有机溶剂毒性气体的挥发而带来的劳动保护及污染环境问题，从根本上杜绝了火灾的危险。

（2）施工方便。可以刷涂也可辊涂、喷涂、抹涂、刮涂等，施工工具可以用水清洗。

（3）涂层干燥迅速。一天可以涂刷二、三道，因而施工效率高、成本低。

（4）保色性、耐气候性好。大多数外墙乳胶白漆，不容易泛黄，耐候性可达10年以上。

（5）透气性好、耐碱性强。因此涂层内外湿度相差较大时，不易起泡，在室内，涂层也不易"出汗"，特别适于建筑物内外墙的水泥面、灰泥面上涂刷。由于乳胶漆花色品种繁多，色彩鲜艳、质轻，建筑物装饰更新快等特点，使其广泛用于建筑物的内外墙面装饰，如图7-7、图7-8所示。

图 7-7 内墙乳胶漆辊涂

图 7-8 内墙乳胶漆室内效果

7.3.2 硅藻泥涂料

硅藻泥是以硅藻土为主要材料配制的干粉状内墙装饰涂覆材料。硅藻土是生活在数百万年前的一种单细胞的水生浮游类生物，经过亿万年的积累和地质变迁成为硅藻土。硅藻泥涂料具有消除甲醛、净化空气、调节湿度、释放负氧离子、防火阻燃、墙面自洁、杀菌除臭等功能。由于硅藻泥健康环保，不仅有很好装饰性，还具有功能性，是替代壁纸和乳胶漆的新一代室内装饰材料，如图7-9、图7-10所示。

图 7-9　硅藻泥涂饰效果（1）　　　　　　图 7-10　硅藻泥涂饰效果（2）

7.4　木质面油漆

7.4.1　硝基清漆

硝基清漆是一种由硝化棉、醇酸树脂、增塑剂及有机溶剂调制而成的透明漆，属挥发性油漆，具有干燥快、光泽柔和等特点。硝基清漆分为亮光、半亚光和亚光三种，可根据需要选用。硝基清漆也有其缺点：高湿天气易泛白、丰满度低，硬度低，如图7-11、图7-12所示。

图 7-11　硝基清漆用在木制品面层　　　　　　图 7-12　桶装硝基清漆

111

7.4.2 聚酯漆

聚酯漆又称不饱和聚酯漆，它是一种多组分漆，是以聚酯树脂为主要成膜物制成的一种厚质漆，如图7-13、图7-14所示。

图7-13 聚酯漆用于木门效果

图7-14 聚酯漆及辅料

聚酯漆的优点：

（1）不仅色彩十分丰富，而且漆膜厚度大，喷涂两三遍即可，并能完全把基层的材料覆盖。

（2）聚酯漆的漆膜综合性能优异，因为有固化剂的使用，使漆膜的硬度更高，坚硬耐磨，丰富度高，耐湿热、干热、酸碱油、溶剂以及多种化学药品，绝缘性很高。

（3）清漆色浅，透明度、光泽度高，保光保色性能好，具有很好的保护性和装饰性。

聚酯漆的缺点：

（1）配漆后活化期短，必须在20~40min内完成，否则会胶化而报废。

（2）其修补性能也较差，损伤的漆膜修补后有印痕。聚酯漆施工过程中需要进行固化，这些固化剂的质量占了油漆总质量1/3，其主要成分是TDI，这些处于游离状态的TDI会变黄，不但使家具漆面变黄，同样也会使邻近的墙面变黄。

（3）聚酯漆的柔韧性差，受力时容易脆裂，一旦漆膜受损不易修复，故搬迁时应注意保护家具。

7.4.3 水性木器漆

水性木器漆是以水作为稀释剂的漆。水性木器漆包括水溶性漆、水稀释性漆、水分散性漆（乳胶涂料）3种。

水性木器漆的优点：

（1）使用起来很方便，不容易出现气泡等油性漆常见问题。

（2）水性木器漆危害低、污染小。

（3）因为是水溶性涂料，没有毒，所以环保。

（4）水性木器漆不容易变黄，有很好的耐水性。

（5）可防锈，不用担心遇到水后就生锈的问题，并且很耐高温，可以放置很热的物品在上面；可与乳胶漆等其他油漆同时使用。

水性木器漆的缺点：

单组分水性漆在硬度、耐高温等性能上和双组分油性漆还是有一定的差距的。

7.5 特种涂料

7.5.1 防火涂料

防火涂料是用于可燃性基材表面，能降低被涂材料表面的可燃性、阻滞火灾的迅速蔓延，用以提高被涂材料耐火极限的一种特种涂料。防火涂料是涂刷在被保护物表面的被动防火材料，任何被保护的物体都有承受大火考验的极限值。防火涂料的作用是能在被保护物体表面起到隔离的作用，延缓建筑坍塌的时间，为营救和灭火争取到宝贵的时间，如图7-15、图7-16所示。

图7-15　防火涂料用于木龙骨　　　　图7-16　防火涂料用于钢结构

非膨胀型防火涂料主要用于木材、纤维板等板材质的防火，用在木结构屋架、顶棚、门窗等表面。

膨胀型防火涂料有无毒型膨胀防火涂料、乳液型膨胀防火涂料、溶剂型膨胀防火涂料。

无毒型膨胀防火涂料可用于保护电缆、聚乙烯管道和绝缘板的防火涂料或防火腻子。

乳液型膨胀防火涂料和溶剂型膨胀防火涂料可用于建筑物、电力、电缆的防火。

7.5.2 发光涂料

发光涂料是具有发射出荧光特性的涂料品种，故而可以用它来涂饰各种标志，能起到夜间指示的作用，发光涂料一般根据其荧光发射机理的不同而分为蓄光性发光涂料和自发性发光涂料，如图7-17、图7-18所示。

发光涂料分类：

（1）荧光涂料。含有荧光颜料，吸收紫外线，发出可见光。

（2）磷光涂料。含有磷光颜料（通常为硫化锌-钼荧光物、硫化钙-铋荧光物），吸收光线后发出较长波长的光，在光源消失后能继续发光一段时间。

（3）自发光涂料。不靠外来外能源，以放射性物质（如3H）所提供的放射能使之经常发光，发光颜色则由加入的磷光颜料而定，可持续发光，用于黑暗处作指示用。

发光涂料多用热塑性丙烯酸清漆配制，用于仪表、标志等。自发光涂料，因放射性物质对人体有害，在一般场合已不再采用。

图 7-17　发光涂料用于室内消防通道　　　　　图 7-18　发光涂料道路

7.5.3　防水涂料

防水涂料是涂刷在建筑物表面上，经溶剂或水分的挥发或两种组分的化学反应形成一层薄膜，使建筑物表面与水隔绝，从而起到防水、密封的作用，如图 7-19、图 7-20 所示。

图 7-19　防水涂料用于屋顶　　　　　　图 7-20　防水涂料用于卫生间

防水涂料品种：

（1）溶剂型涂料。这类涂料种类繁多，质量也好，但是成本高、安全性差，使用不是很普遍。

（2）水乳型及反应型高分子涂料。这类涂料在工艺上很难将各种补强剂、填充剂、高分子弹性体均匀分散于胶体中，只能用研磨法加入少量配合剂，反应型聚氨酯为双组分，易变质，成本高。

（3）塑料型改性沥青。这类产品能抗紫外线，耐高温性好，但断裂延伸性略差。

7.5.4　防霉涂料

防霉涂料以不易发霉材料（如硅酸钾水玻璃涂料和氯-偏共聚乳液）为主要成膜物质，

加入两种或两种以上的防霉剂（多数为专用杀菌剂）制成。涂层中含有一定量的防霉剂就可以达到预期防霉效果。

防霉涂料的种类比较多样化，目前应用比较广泛的一些防霉涂料主要包括有：高性能防霉乳胶涂料、光谱防霉建筑涂料、熏蒸防霉防蛀涂料、防结露涂料、防雾涂料、玻璃防雾双层涂料、防水抗雾涂料、抗静电防雾涂料等，不同类型的防霉涂料其应用领域是有所区别的。

7.5.5 防虫涂料

防虫涂料是具有杀灭苍蝇、蚊子、蟑螂、臭虫和螨虫等影响卫生的害虫的功能涂料，同时兼具装饰性。杀虫环保涂料主要适用于住宅、宾馆、饭店、库房、公共厕所、禽畜舍、垃圾场等处所使用，如图 7-21 所示。

图 7-21　防虫涂料

第8章 金属装饰材料

金属材料是指由一种或一种以上的金属元素或金属元素与其他金属或非金属元素组成的合金的总称。建筑中常用的金属材料主要是钢、铁、铝、铜及其合金材料等。由于金属材料的轻质高强、经久耐用和特有的现代建筑的表现力，已被广泛地应用于高层、超高层、大跨度建筑中。

8.1 铝及铝合金材料

8.1.1 铝及铝合金的性质

铝属于有色金属中的轻金属，银白色，熔点为660℃，密度为2.7g/cm³（是钢的密度的1/3左右）。铝的化学性质活泼，和氧的亲和能力强。在自然状况下暴露，表面易生成一层致密、坚固的氧化铝薄膜，可以阻止铝的继续氧化，从而起到保护作用。铝具有良好的导电性和导热性，被广泛地用来制造导电材料和导热材料；铝具有良好的延展性和塑性，其伸长率可达50%，易于加工成板、管、线及箔等。但铝的强度和硬度较低，可用冷加工的方法加工制品。铝在低温环境中塑性、韧性和强度下降。

为了提高铝的实用价值，改变铝的某些性能，在铝中加入一定量的铜、镁、锰、硅、锌等元素制成铝合金。

铝加入合金元素既保持了铝质量轻的特点，同时也提高了力学性能，屈服强度可达210~500 MPa，抗拉强度可达380~550 MPa，是一种典型的轻质高强材料。其耐腐蚀性能较好，同时低温性能好。铝合金更易着色，有较好的装饰性。铝合金的缺点：主要是弹性模量小，约为钢材的1/3，刚度较小，容易变形；线［膨］胀系数大，约为钢材的两倍；耐热性差、焊接性也较差。

8.1.2 常用铝合金制品

1. 铝合金门窗

铝合金门窗是由经表面处理的铝合金型材，经下料、打孔、铣槽、攻螺纹和组装等工艺，制成门窗框构件，再与玻璃、连接件、密封件和五金配件组装成门窗，铝合金窗断面如图8-1所示。因铝合金门窗具有加工简单、维修费用低、性能好、美观等优点，在现代建筑中已被广泛应用。铝合金门窗的特点：

（1）质量轻、强度高。

（2）性能好。其气密性、水密性好，有一定的保温、隔热、隔声能力，特别适宜用南方地区的建筑。

（3）耐久性好，使用维修方便。铝合金门窗不需要涂漆，不褪色，不脱落，表面不需要维修。

（4）装饰性好。铝合金门窗框料型材表面可氧化着色处理，可着银白色、古铜色、暗红色、黑色等柔和的颜色或带色的花纹，可涂装聚丙烯酸树脂装饰膜使表面光亮。

（5）加工简单。铝合金门窗的加工、制作、装配都可在现场完成，加工简单方便。

铝合金门窗的系列名称是以铝合金门窗框的厚度构造尺寸来区别各种门窗的称谓，如平开窗框厚度构造尺小为50mm，即称为50系列铝合金平开窗，通常有50、60、70、90系列。铝合金门窗设计通常采用定型产品，选用时应根据不向地区、不同气候、不同环境、不同建筑物和不同使用要求，选用不同的门窗框系列。

由于铝材的导热性使铝合金型材的保温、隔热性能并不高，为改善铝合金门窗型材保温隔热性能，对原铝合金门窗型材进行改造形成断热铝合金门窗型材。断热铝合金型材就是在传统的铝合金门窗型材基础上把原来的一体性型材一分为二，增强隔热条阻隔铝的热传导，然后再通过机械复合的手段将分开的两部分连接在一起。隔热铝合金门窗型材主要特点增强了铝合金门窗的保温、隔热、隔声性能，如图8-2所示。

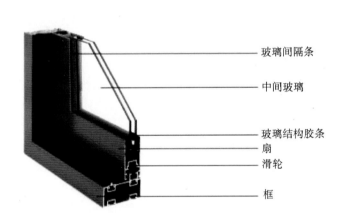

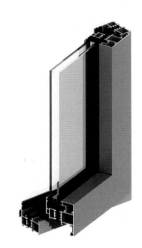

图 8-1　铝合金窗断面图　　　　　　　图 8-2　隔热铝合金窗型材断面

2. 铝合金装饰板

铝合金装饰板属于现代较为流行的建筑装饰板材，具有质量轻，不燃烧，耐久性好，施工方便、装饰效果好等优点，适用于公共建筑室内外墙面、柱面和顶面的装饰。当前的产品规格有开发式、封闭式、波浪式、重叠式条板和藻井式、内圆式、龟板式块状吊顶板。颜色有本色、金黄色、古铜色、茶色等。表面处理方法有烤漆和阳极氧化等形式。近年来在装饰工程中用得较多的铝合金板材有以下几种。

（1）铝合金花纹板及浅花纹板。铝合金花纹板是采用防锈铝合金坯料，用特殊的花纹轧辊轧制而成，如图8-3、图8-4所示，花纹美观大方，凸筋高度适中，不易磨损，防滑性好，防腐蚀性强，便于冲洗，通过表面处理可以得到各种不同的颜色，花纹板材平整，便于安装，广泛应用于现代建筑墙面装饰和楼梯踏板等处。

铝合金浅花纹板是以冷却硬化后的铝材作为基材，表面加以浅花纹处理后得到的装饰板称为浅花纹板。其花纹精巧别致，色泽美观大方，同普通铝合金板相比，刚度高出20%，抗污垢、抗划伤、抗擦伤能力均有所提高，可作为外墙装饰板材。

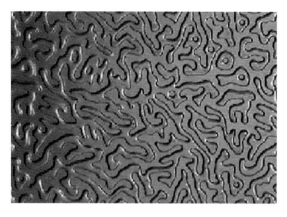

图 8-3　铝合金花纹板　　　　　　　　　　图 8-4　铝合金条纹板

（2）铝合金扣板。铝合金扣板是铝合金板通过模压成型等加工工艺轧制而成，形状有条形、方形、格栅等，品种多样，色彩丰富。它具有质轻、易清洗、外形美观、耐久、耐腐蚀、安装简单、施工方便等优点，其装饰效果：简洁明快、洗练、冷漠、富于空间感和力度感谢。广泛应用于公共建筑的公共空间的吊顶和居住建筑的厨房、卫生间吊顶，如图 8-5 ~ 图 8-7 所示。

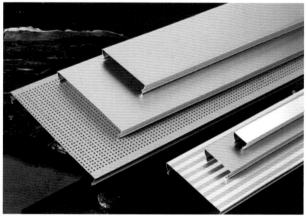

图 8-5　铝合金方形扣板　　　　　　　　　图 8-6　铝合金条形扣板

（3）铝合金穿孔板。铝合金穿孔板是用各种铝合金平板经机械穿孔而成。孔型根据需要有圆孔、方孔、长圆孔、长方空、三角孔、大小组合孔等。和其他铝合金板相比，其显著特点是降低噪声并兼容装饰，如图 8-8 所示。

（4）铝合金龙骨。龙骨是指罩面板装饰中的骨架材料。罩面板装饰主要用于墙面、隔墙和吊顶等。龙骨可分为隔墙龙骨和吊顶龙骨两类。隔墙龙骨一般作为室内隔墙或隔断龙骨，吊顶龙骨用作室内吊顶骨架。建筑装饰中常用的龙骨材料有轻钢龙骨、铝合金龙骨和木龙骨。

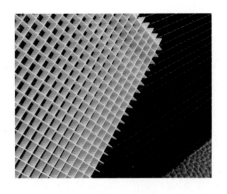

图 8-7　铝合金格栅

图 8-8　铝合金穿孔板

铝合金龙骨属于铝合金挤压件。铝合金龙骨分主龙骨、次龙骨和修边角,断面有 T 形和 L 形,铝合金龙骨具有质轻、不锈蚀、不腐蚀、美观、防火、安装简单等优点,可用于室内吊顶的骨架、隔断骨架等,如图 8-9、图 8-10 所示。

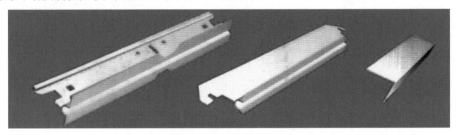

图 8-9　铝合金龙骨

（5）铝合金幕墙板材

铝合金幕墙板材主要是铝单板、铝塑板和铝蜂窝板三种。

1）铝单板。铝单板一般采用 2～4mm 厚纯铝板或铝合金板,表面一般经过铬化处理后,再喷涂氟碳涂料。铝单板其构造主要由面板、加强筋和角码等部件组成,如图 8-11 所示。

图 8-10　铝合金吊顶龙骨

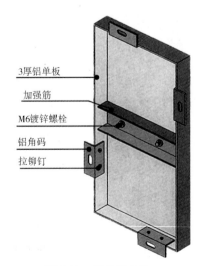

3厚铝单板
加强筋
M6镀锌螺栓
铝角码
拉铆钉

图 8-11　铝单板构造

铝单板质量轻、强度高、色彩多样，易清洁，耐久性和耐腐蚀性好，安装施工方便快捷，并可回收再利用，有利环保。

2）铝塑板。铝塑板是由三层组成，表层和底层由铝合金构成，中层由合成塑料构成，表面喷涂氟碳涂料或聚酯涂料，如图8-12所示。厚度为3mm、4mm、5mm和6mm或8mm，常见规格为1220mm×2440mm，色彩丰富，如图8-13所示。铝塑板自重轻、防水、防火、防蛀虫，耐酸碱、耐摩擦、易清洗，施工方便，色彩丰富，装饰效果佳，常用于建筑内外墙面、广告牌等。见图8-14。

3）铝蜂窝板。铝蜂窝板是以表面涂覆耐候性极佳的装饰涂层的高强度合金铝板作为面、底板，与铝蜂窝芯经高温高压复合制造而成的复合板材。其特点是质量轻、强度高，色彩丰富，易清洁，耐久性和耐腐蚀性好，安装施工方便，可用于建筑内外墙面、吊顶、隔断等。上海世博会主题馆是中国2010年上海世博会永久保留建筑之一，其南北立面采用蜂窝铝板、穿孔铝单板，如图8-15所示。

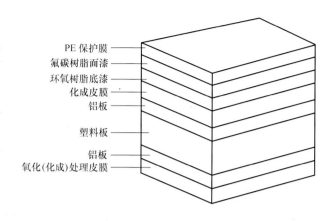

图8-12 铝塑板构造层

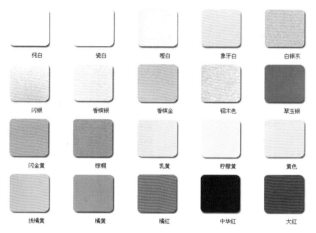

图8-13 铝塑板的颜色

图8-14 铝塑板装饰的外墙

图8-15 上海世博会主题馆

8.2 建筑装饰用钢及其制品

铁矿石经过冶炼后得到铁，铁再经过精炼成为钢。钢是碳的质量分数为 2% 以下的铁碳合金的统称。钢材具有较高的抗拉强度和较好的塑性、韧性，具有优良的可加工性，可焊、可铆、可制成各种形状的型材和零件，广泛地被应用于建筑中。钢及制品已成为建筑中必不可少的重要材料。

装饰用钢材主要有不锈钢钢板及其制品、彩色涂层钢板、塑料复合镀锌钢板及轻钢龙骨等。

8.2.1 不锈钢及制品

1. 不锈钢的特性

不锈钢是指在钢中加入以铬元素为主要元素的合金钢，除铬外，不锈钢中还含有镍（Ni）、锰（Mn）、钛（Ti）、硅（Si）等元素。这些元素能影响不锈钢的强度、塑性、韧性和耐腐蚀性。

耐蚀性是不锈钢诸多性能中最显著的特性之一（顾名思义，不锈钢为不易生锈的钢）。不锈钢的耐腐蚀性原因是铬的性质比较活泼，在不锈钢中，铬首先与环境中的氧化生成一层与钢基体牢固结合的致密氧化膜层（称钝化膜），它能使合金钢得到保护，不致生锈。事实表明，铬含量越高，钢的抗腐蚀性越好。

不锈钢另一特性是表面光泽度高。不锈钢的表面经加工后，特别是抛光后，可以获得镜面效果，光线的反射比可以达到 90% 以上。

不锈钢膨胀系数大，约为碳钢的 1.3 ~ 1.5 倍，但热导率只有碳钢的 1/3，不锈钢韧性及延展性均较好，常温下也可加工。

不锈钢分为铬不锈钢、铬镍不锈钢和高锰低铬不锈钢等。

2. 不锈钢制品

（1）不锈钢板。不锈钢制品应用最多的为板材，一般为薄材，厚度多小于 2.0mm。装饰不锈钢板材通常按照板材的反光率分为镜面板或光面板、压光板和浮雕板三种类型。镜面板表面光滑光亮，光线的反光率可达 90% 以上，表面可形成独特的映像效果，常用于室内墙面或柱面。为保护镜面板表面在加工和施工过程中不受侵害，常在其上加一层塑料保护膜，待竣工后再揭去。压光板的光线反光率为 50% 以下，其光泽柔和，可用于室内外装饰。浮雕板的表面是经辊压、研磨、腐蚀或雕刻而形成浮雕纹路，一般蚀刻深度在 0.015 ~ 0.5mm，这样使得浮雕板不仅具有金属光泽，而且还富有立体感。图 8-16 所示为不锈钢包柱效果。

（2）彩色不锈钢板。彩色不锈钢板是用化学镀膜、化学浸渍等方法对普通不锈钢板进行表面处理后而制得，如图 8-17 所示。其表面具有光彩夺目的装饰效果，具有蓝、灰、紫红、青、绿、金黄、橙及茶色等多种彩色和很高的光泽度，色泽会随光照角度的改变而产生变幻的色调效果。彩色不锈钢板又分为喷砂板、拉丝板、压纹板，如图 8-18 ~ 图 8-20 所示。

图 8-16　不锈钢包柱

图 8-17　彩色不锈钢板

图 8-18　不锈钢喷砂板

图 8-19　不锈钢压纹板

图 8-20　不锈钢拉丝板

　　彩色不锈钢板无毒、耐腐蚀、耐高温、耐摩擦和耐候性好，其色彩面层能在 200℃ 以下或弯曲 180° 时无变化，色层不剥离，色彩经久不褪，耐烟雾腐蚀性能超过一般不锈钢，色彩不锈钢板的加工性能好，可弯曲、可拉伸、可冲压等。耐腐蚀性超过一般的不锈钢，耐磨和耐刻划性能相当于箔层镀金的性能。适用于建筑物的电梯厢板、厅堂墙板，顶棚、门、柱等处。

　　（3）不锈钢型材。不锈钢型材有等边不锈钢角材、等边不锈钢槽材、不等边不锈钢角材和不等边不锈钢槽材、方管、圆管等，用作压条、拉手和建筑五金等，如图 8-21、图 8-22 所示。

图 8-21　不锈钢管件

图 8-22 不锈钢拦杆、扶手

8.2.2 彩色涂层钢板和彩色压型钢板

1. 彩色涂层钢板

彩色涂层钢板，俗称彩钢板，以优质冷轧钢板、热镀锌钢板或镀铝锌钢板为基板，经过表面脱脂、磷化、铬酸盐处理转化后，涂覆有机涂层后经烘烤制成，如图 8-23 所示。彩色涂层钢板具有质轻、色彩丰富、良好的耐腐性和加工简单等特性，可用作各类建筑物的内外墙板、吊顶、屋面板和壁板等。彩色涂层钢板在用作围护结构和屋面板时，往往与岩棉板聚苯乙烯泡沫板等绝热材料制成复合板材，从而达到绝热和装饰的双重要求。

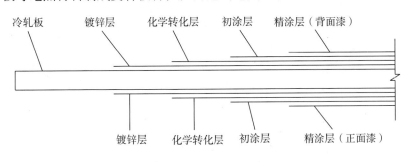

图 8-23 彩色涂层钢板的结构

2. 彩色压型钢板

彩色压型钢板是以镀锌钢板为基材，经过成型机轧制成各种异形断面，表面涂敷各种耐腐蚀涂层或烤漆而成的轻型复合板材，也可以采用彩色涂层钢板直接压制成型。这种板材的基材厚度只有 0.5 ~ 1.2mm，属于薄型钢板，但是经轧制等加工成压型钢板后（断面为 V形，U 形、梯形或波形等），使钢板的抗弯强度大大提高，如图 8-24 所示。

彩色压型钢板具有质量轻、波纹平直坚挺、抗震性好、耐久性强，易加工、施工方便，其表面色彩鲜艳丰富、美观大方等特点。广泛用于各类建筑物的内外墙面、屋面和吊顶等处，也用作轻型夹心板材的面板等。

图 8-24　彩色压型钢板

3. 塑料复合镀锌钢板

塑料复合镀锌钢板是在钢板表面上覆一层 0.2～0.4mm 的半硬质聚氯乙烯塑料膜而成。具有绝缘性好、耐磨损、耐冲击和耐潮湿，良好的延展性及加工性，弯曲 180°塑料层不会脱离钢板等特性。复合塑料膜后不仅改变了钢板面貌，而且可在其上绘制图案和艺术条纹，例如木纹、布纹、皮革纹和大理石纹等。复合塑料板可用作地板、门板、顶棚等，如图 8-25 所示。

图 8-25　塑料复合镀锌钢板

8.2.3　轻钢龙骨与铁艺

1. 轻钢龙骨

轻钢龙骨是以冷轧钢板（钢带）、镀锌钢板（钢带）或彩色喷塑钢板（钢带）为原料，采用冷弯工艺加工而成的薄壁型钢，经组合装配而成的一种金属骨架。有 U 形、C 形、T 形及 L 形龙骨之分。它具有自重轻、刚度大、防火、抗振性能好、加工安装简便等特点，适用于防火要求高的室内吊顶或隔墙、隔断，如图 8-26、图 8-27 所示。

图 8-26　轻钢龙骨吊顶构造示意图

图 8-27　轻钢龙骨吊顶实景

2. 铁艺

铁艺顾名思义是铸铁的艺术。铸铁是碳的质量分数大于2%的铁碳合金。其成分除碳外还含有一定数量的硅、锰、硫、磷等化学元素和一些杂质。铸铁又名生铁，其成本低廉，铸造性能和使用性能良好。

铁艺有着悠久的历史，西方从中世纪开始，铁艺已和阳台栏杆、大门、院墙的围栏、室内的楼梯扶手、门把手、门锁、壁炉架等融为一体。但不知从何时，铁艺被历史的激流淘汰了，铁匠这一古老的职业也逐渐不见了。随着社会的发展，返朴归真的思潮成为一种新的时尚，作为古老的、传统艺术装饰风格的铁艺艺术，被注以新的内容和生命，有着古朴、典雅、粗犷的艺术风格铁艺又被人们应用在建筑内外部装饰中，如图8-28、图8-29所示。

图8-28　铁艺栏杆

图8-29　铁艺楼梯

铁艺是生铁熔化后被倒入铸型，而后又被加工成所需的形状。为防止铁艺表面锈蚀，通常采用对铁艺制品表面进行处理：①非金属保护层。在铁艺制品表面涂装一层或数层有机和无机化合物，如油漆、塑料、橡胶、沥青、珐琅、耐酸材料、防锈油等。②金属保护层。在铁艺制品表面镀上一层不易锈蚀的金属或者合金，如锌、锡、镍、铬、铜、钛等。③化学保护层。用化学和电化学方法使铁艺制品表面形成一层非金属膜的保护层，如表面发黑、发蓝、磷酸盐处理等。

8.3　铜及铜合金材料

铜在建筑中的应用有悠久的历史。中国古典建筑中的门钉、铜锁、一些攒尖建筑的宝顶（绝脊）、金碧辉煌的彩绘等都使用铜。北京白塔（元朝）顶端直径9.9m的铜质华盖和高4.2m、重4t、铜质鎏金的塔刹，在太阳照射下，金光闪闪，十分壮观，如图8-30所示。古希腊建筑中雅典卫城中的帕提农神庙，其大门为铜质镀金，古罗马的图拉真广场中图拉真骑马座像都是青铜雕塑。自古以来，人们把金、铜的装饰看作为高贵和权势的象征。

图8-30　北京白塔

铜属于有色重金属，纯铜表面氧化而生成氧化铜膜后呈紫红色，故又称紫铜。具有良好的导电性、导热性、耐腐蚀性，以及良好的延展性、塑性和易加工性，能压延成薄片（纯铜片），拉成很细的丝（铜线材）。纯铜强度较低，主要用于制造导电器材或配制铜合金。

铜合金是在铜中掺入锌、锡等元素形成的，它既保持了铜的良好塑性和高抗蚀性，又改善了纯铜的强度、硬度等力学性能。常用的铜合金有黄铜、白铜和青铜。

铜和锌的合金称为黄铜。黄铜分为普通黄铜和特殊黄铜。铜中只加入锌元素时称为普通黄铜。为了进一步改善普通黄铜的力学性能和提高耐腐蚀性，在铜、锌之外，可再加入铅、锡、锰、镍、铁、硅等合金元素配成特殊黄铜。它强度高、硬度大、耐化学腐蚀性强。还有切削加工性能也较突出。黄铜常被用于制造阀门、水管、空调内外机连接管和散热器等，如图 8-31 所示。

铜和镍的合金称为普通白铜。加有锰、铁、锌、铝等元素的白铜合金称为复杂白铜。白铜又可分为结构白铜和电工白铜两大类。结构白铜力学性能和耐蚀性好，色泽美观。广泛用于制造精密机械、眼镜配件、化工机械和船舶构件。电工白铜一般有良好的热电性能。

青铜原指铜锡合金，后除黄铜、白铜以外的铜合金均称为青铜。青铜根据所加的元素不同，其性能也为同，主要用于机械行业。

铜合金的另一应用是铜粉，俗称"金粉"，是一种由铜合金制成的金色颜料，主要成分为铜及少量的锌、铝、锡等金属，其制作方法同铝粉。常用于调制装饰涂料，代替"贴金"。

铜合金装饰既有金色感，又雍容华贵，常替代稀有的、价值昂贵的金在建筑装饰中作画龙点睛的作用。常被用于制作铜装饰件、铜浮雕、门厅、柱面、把手、门锁、楼梯扶手栏杆、水龙头、淋浴器配件、各种灯具等，如图 8-32 所示。

图 8-31　铜合金管道

图 8-32　铜合金楼梯栏杆

第9章 塑料装饰制品

装饰塑料是指用于室内装饰装修工程的各种塑料及其制品，是一种理想的可代替传统材料的新型材料。目前用于室内装饰装修的塑料制品很多，常见的有塑料地板、塑料地毯、塑料装饰板、塑料墙纸、塑料门窗型材等。

9.1 塑料的基本知识

9.1.1 塑料的组成及特性

塑料是指以合成树脂或天然树脂为主要原料，再按一定比例加入填料、增塑剂、固化剂、着色剂及其他助剂等，在一定温度、压力下，经混炼、塑化、成型，且在常温下保持制品形状不变的材料。塑料之所以被广泛应用，是因为它具有以下特性：

（1）质轻、比强度高。塑料的密度在 $0.9 \sim 2.2 g/cm^3$ 之间，平均为 $1.45 g/cm^3$，约为铝的 1/2、钢的 1/5、混凝土的 1/3，与木材相近。其强度与表观密度的比值远超过水泥、混凝土，并接近或超过钢材，是典型优质的轻质高强度材料。

（2）优良的加工性能。塑料可以采用比较简便的方法加工成多种形状的产品，并可采用机械化大规模生产，生产效率高。

（3）功能的可设计性强。塑料的种类很多，通过改变配方和生产工艺，可以制成具有各种特殊性能的工程材料。如具有承重、隔声、保温的复合材料；柔软而富有弹性的密封、防水材料等。

（4）出色的装饰性能。塑料制品色彩绚丽持久，表面富有光泽，图案清晰，可以模仿天然材料的纹理达到以假乱真的程度；还可电镀、热压、烫金制成各种图案和花型，使其表面具有立体感和金属的质感，能够满足设计人员丰富的想象力和创造力。

（5）化学稳定性和电绝缘性好。塑料制品一般对酸、碱、盐及油脂有较好的耐腐蚀性。电绝缘性可与陶瓷、橡胶媲美。

（6）具有良好的经济性。塑料建材无论是从生产时所消耗的能量或是在使用过程中的效果来看都有节能效果。塑料生产的能耗低于传统材料，在使用过程中某些塑料产品具有节能效果。例如塑料窗隔热性好，代替钢铝窗可节省空调费用；塑料管内壁光滑，输水能力比镀锌钢管高30%。由此节省的能源也是可观的，因此广泛使用塑料这种建筑材料有明显的经济效益和社会效益。

塑料的缺点主要表现在：

（1）易老化。塑料制品的老化是指在阳光、空气、热及环境介质中如酸、碱、盐等作用下，分子结构发生变化，增塑剂等组分挥发，化合键产生断裂，从而使力学性能变差，甚至发生硬脆、破坏等现象。现代科技发展使塑料老化得到很大程度上改观。如：现在的塑料管至少可使用 $20 \sim 30$ 年，甚至达到 50 年。

（2）易燃、易老化、耐热性差。塑料一般都具有受热变形的问题，甚至产生分解；塑料还可以燃烧，而且燃烧时挥发出对人体有害的有毒烟气。所以在生产过程中一般都掺入一定量的阻燃剂，在使用过程中要注意它的限制温度。

（3）刚度小。塑料是一种黏弹性材料，弹性模量低，只有钢材的 1/20～1/10，且在荷载长期作用下产生蠕变，所以用作承重结构时应慎用。

总之，塑料及其制品的优点大于缺点，且其缺点是可以采取措施改进的，改进后的塑料制品，其使用寿命可与其他建筑材料相媲美，如德国的塑料门窗已使用 40 年以上。随着石油化工的发展，塑料在建筑业特别是在建筑装饰方面的应用将越来越广泛，必将成为今后建筑材料发展的趋势之一，并在诸多方面取代木材、水泥及钢材，成为建筑工程的四大建筑材料之一。

9.1.2 塑料的应用

塑料在建筑中的应用十分广泛，几乎遍及各个角落，按制品的形态塑料可分为以下几种：

（1）薄膜制品。主要用作壁纸、印刷饰面薄膜、防水材料及隔离层等。

（2）薄板。塑料装饰板材、门面板、铺地板、彩色有机玻璃等。

（3）异型板材。玻璃钢屋面板、内外墙板。

（4）异型管材。主要用作塑料门窗及楼梯扶手等。

（5）管材。主要用作给水排水管道系统。

（6）泡沫塑料。主要用作绝热材料。

（7）模制品。主要用作建筑五金、卫生洁具及管道配件。

（8）复合板材。主要用作墙体、屋顶、吊顶材料。

（9）盒子结构。主要有塑料部件及塑料饰面层组合而成，用作卫生间、厨房或移动式房屋。

（10）溶液或乳液。主要用作胶粘剂、建筑涂料。

9.2 塑料板材

9.2.1 塑料板材的用途和分类

塑料装饰板材是指以树脂为浸渍材料或以树脂为基材，采用一定的生产工艺制成的具有装饰功能的普通或异型断面的板材。塑料装饰板材具有质量轻、装饰性强、生产工艺简单、施工简便、易于保养、适于与其他材料复合等特点，塑料装饰板主要用作护墙板、屋面板和平顶板，如图 9-1 所示。

塑料装饰板材按原材料的不同可分为：塑料金属复合板、硬质 PVC 板、三聚氰胺板、玻璃钢板、聚碳酸酯采光板、有机玻璃装饰板等。按结构和断面形式可分为：平板、波形板、实体异型断面板、中空异型断面板、格子板、夹芯板等。

图 9-1　塑料装饰板的应用组图

9.2.2　三聚氰胺板

　　三聚氰胺浸渍胶膜纸饰面人造板，是将带有不同颜色或纹理的纸放入三聚氰胺树脂胶粘剂中浸泡，然后干燥到一定固化程度，将其铺装在刨花板、中密度纤维板或硬质纤维板表面，经热压而成，如图 9-2 所示。

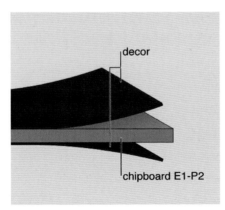
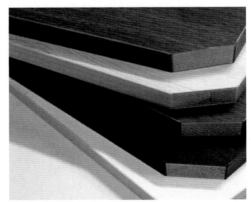

图 9-2　三聚氰胺板组图

1. 三聚氰胺板分类及性能

　　按其表面的外观特性分为有光型（代号 Y）、柔光型（代号 R）、双面型（代号 S）、滞燃型（代号 Z）等四种型号。

　　按照内部纤维形态可分为三聚氰胺颗粒板和三聚氰胺密度板两种；三聚氰胺颗粒板的基材是将木料打成颗粒和木屑，经重定向排列、热压、胶干形成；三聚氰胺密度板的基材是将木料打成锯末，经重定向排列、热压、胶干形成。两者区别在于：颗粒板强度大、握钉能力强，密度板相对弱些，当然后者造价低廉些。

经过多年的发展，三聚氰胺板除了刨花板、中密度纤维板基层，还衍生出防潮板、胶合板、细木工板或其他硬质纤维板基层。

2. 三聚氰胺板的性能

三聚氰胺装饰板可以任意仿制各种图案，色泽鲜明，用作各种人造板和木材的贴面，硬度大，耐磨耐热性好，耐化学药品性能好，能抵抗一般的酸、碱、油脂及酒精等溶剂的磨蚀。表面平滑光洁，容易维护清洗。由于它具备了天然木材所不能兼备的优异性能，故常用于室内建筑及各种家具、橱柜的装饰，如图9-3所示。

图9-3　三聚氰胺板在装饰中的应用组图

9. 2. 3　硬质 PVC 板

硬质PVC板主要用作护墙板、屋面板和平顶板。主要有透明和不透明两种。透明板是以PVC为基料，掺加增塑剂、抗老化剂，经挤压而成型。不透明板是以PVC为基材，掺入填料、稳定剂、颜料等，经捏和、混炼、拉片、切粒、挤出或压延而成型，如图9-4所示。

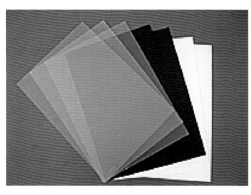
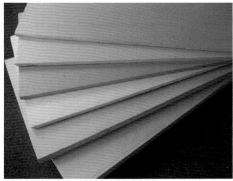

图9-4　硬质 PVC 板组图

硬质 PVC 板按其断面形式可分为平板、波形板和异型板等。

1. 平板

硬质 PVC 平板表面光滑、色泽鲜艳、不变形、易清洗、防水、耐腐蚀，同时具有良好的施工性能，可锯、刨、钻、钉。常用于室内饰面、家具台面的装饰。

2. 波形板

硬质 PVC 波形板是具有各种波形断面的板材。一种是纵向波形板，另一种为横向波形板。波形板具有良好的装饰性。

3. 异型板

硬质 PVC 异型板有两种基本结构，一种为单层异型板，另一种为中空异型板。

4. 格子板

硬质 PVC 格子板是将硬质 PVC 平板在烘箱内加热至软化，放在真空吸塑模上，利用板上下的空气压力差使硬板吸入模具成型，然后喷水冷却定型，再经脱模、修整而成的方形立体板材。

格子板常用的规格为 500mm × 500mm，厚度为 2～3mm。

格子板常用作体育馆、图书馆、展览馆或医院等公共建筑的墙面或吊顶。

9.2.4 聚碳酸酯采光板（PC 板）

聚碳酸酯采光板是以聚碳酸酯塑料为基材，采用挤出成型工艺制成的栅格状中空结构异型断面板材。常用的板面规格为 5800mm × 1210mm。

聚碳酸酯采光板的特点为轻、薄、刚性大，不易变形；色彩丰富，外观美丽；透光性好，耐候性好。适用于遮阳棚、大厅采光天幕、游泳池和体育场馆的顶棚、大型建筑和蔬菜大棚的顶罩等，如图 9-5、图 9-6 所示。

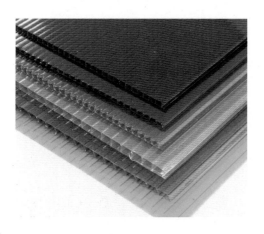

图 9-5　聚碳酸酯采光板　　　　图 9-6　聚碳酸酯采光板应用于遮阳棚

9.2.5 泡沫塑料板

泡沫塑料是在树脂中加入发泡剂，经发泡、固化或冷却等工序而制成的多孔塑料制品。泡沫塑料的孔隙率高达 95%～98%，且孔隙尺寸小于 1.0mm，因而具有优良的隔热保温性，建筑上常用的有聚苯乙烯泡沫塑料、聚氯乙烯泡沫塑料、聚氨酯泡沫塑料、脲醛泡沫塑料等。泡沫塑料板目前逐步成为墙体保温主要材料，如图9-7所示。

图9-7 泡沫塑料板

9.2.6 塑料地板砖

塑料地板砖称为半硬质聚氯乙烯块状塑料地板，简称塑料地板。以聚氯乙烯及其共聚树脂为主要原料，加入填料、增塑剂、稳定剂、着色剂等辅料经压延、挤出或热压工艺所生产的单层和同质复合的半硬质块状塑料地板，如图9-8、图9-9所示。

图9-8 塑料地板砖样品

图9-9 塑料地板砖的应用

塑料地板砖柔韧性好、步感舒适、隔声、保温、耐腐蚀、耐灼烧、抗静电、易清洗、耐磨损并具有一定的电绝缘性。其色彩丰富、图案多样、平滑美观、价格较廉、施工简便，是一种受用户欢迎的新型地面装饰材料，适用于家庭、宾馆、饭店、写字楼、医院、幼儿园、商场等建筑物室内和车船等地面装修与装饰。

除上述材料外，应用比较多的还有铝塑板，关于铝塑板可见第8章金属材料。

9.3 塑料卷材

装饰用塑料卷材主要有塑料壁纸、塑料地板革、玻璃贴膜等。塑料壁纸已在第5章装饰织物介绍了，下面仅介绍塑料地板和装饰用玻璃贴膜。

9.3.1 塑料地板革

塑料地板革是以聚氯乙烯树脂为主要原料，加入适当助剂，在片状连续基材上经涂敷工艺生产的地面和楼面覆盖材料，简称卷材地板，如图9-10、图9-11所示。

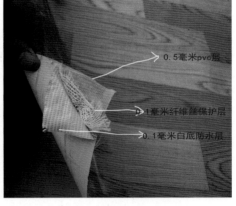

图 9-10　塑料地板革产品　　　　　　　　图 9-11　塑料地板革的结构

该地板具有耐磨、耐水、耐污、隔声、防潮、色彩丰富、纹饰美观、行走舒适、铺设方便、清洗容易、质量轻及价格较廉等特点。其技术性质应满足 GB/T 11982.1—2005 的规定。塑料卷材地板适用于宾馆、饭店、商店、会客室、办公室及家庭厅堂、居室等地面装饰。

9.3.2　玻璃贴膜

玻璃贴膜，是以金属氧化纳米材料，以及先进的有机无机杂化技术合成的一种无毒无刺激、耐酸碱的水性液体，在常温下 20min 成膜。表干 5~7d 左右完全固化。成膜后玻璃表面形成一层 8~10μm 的膜，如图 9-12 所示。

图 9-12　玻璃贴膜的应用组图

玻璃贴膜主要分为建筑玻璃贴膜、家居玻璃贴膜、计算机膜、汽车膜等，一层玻璃贴能为家居环境起到隔热、保温、防辐防紫、防眩防幻、安全隐私的作用，材质为五层膜体，含金属高分子纳米技术，是现代企业建筑、家居生活节能、环保、实用优质产品。

9.4 塑料门窗

9.4.1 塑料门窗的概念

目前塑料门窗主要采用改性聚氯乙烯，并加入适量的各种添加剂，经混炼、挤出等工序而制成塑料门窗异型材；再将异型材经过切割、焊接的方式制成门窗框、扇，配装上玻璃、橡胶密封条、五金配件等附件即散可配制塑料门窗，如图9-13所示。

图9-13 塑料门窗的应用组图

塑料门窗分为全塑门窗和复合塑料门窗。

复合塑料门窗是在门窗框内部嵌入金属型材以增强塑料门窗的刚性，提高门窗的抗风压能力，俗称塑钢窗。增强用的金属型材主要为铝合金型材和钢型材，其结构如图9-14所示。

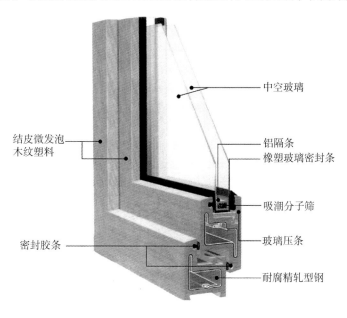

图9-14 中空塑料窗构造

塑料门按其结构形式分为镶嵌门、框板门和折叠门；塑料窗按开启方式分为平开窗、上悬窗、下悬窗、垂直滑动窗、垂直旋转窗、垂直推拉窗、水平推拉窗和百叶窗等，塑料窗形式如图9-15所示。

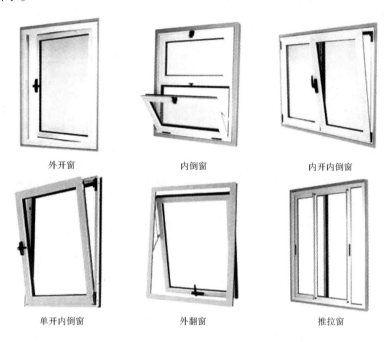

<table>
<tr><td>外开窗</td><td>内倒窗</td><td>内开内倒窗</td></tr>
<tr><td>单开内倒窗</td><td>外翻窗</td><td>推拉窗</td></tr>
</table>

图9-15　塑料窗形式

9.4.2　塑料门窗的性能与应用

塑料门窗和传统的木门窗、钢门窗相比具有外形美观、尺寸稳定、抗老化、不褪色、耐腐蚀、耐冲击、气密、水密性能优良、使用寿命长等优点，是继木、钢、铝之后崛起的新型建筑门窗，塑料门窗的特点：

（1）耐水和耐腐蚀。塑料门窗由于具有耐水性和耐腐蚀性，这使它不仅可以用于多雨湿热的地区，还可用于地下建筑和有腐蚀性的工业建筑。

（2）隔热性能好。虽然塑料的传热系数与木材接近，但由于塑料门窗的框料是由中空的异型材拼装而成的，所以塑料门窗的隔热性比钢木窗的效果好得多。表9-1为几种门窗的隔热性能的比较，从中可以看出塑料门窗良好的隔热性能。

表9-1　几种材料和窗的隔热性能比较

材料传热系数［W/（m² · K）］					整窗的传热性［W/（m² · K）］		
铝	钢	松、杉木	PVC	空气	铝窗	木窗	PVC
150	50	0.15 ~ 0.30	0.11 ~ 0.25	0.04	5.20	1.479	0.378

（3）气密性和水密性好。PVC窗异型材设计时就考虑了气密和水密的要求，在窗扇和窗框之间设有密封毛条，因此密封、隔声性能很好。

（4）装饰性好。PVC塑料可以着色，目前较多的为白色，但也可以根据设计生产成不同的颜色，对建筑物起到美化作用。

（5）耐候性好。塑料型材采用特殊配方，通过人工加速老化试验表明，塑钢门窗可长期使用于温差较大的环境中（-50~70℃），烈日暴晒，潮湿都不会使塑钢门窗出现变质、老化、脆化等现象。

（6）防火性能优。塑钢门窗不自燃、不助燃、能自熄、安全可靠，这一性能更扩大了塑钢门窗的使用范围。

由于塑料门窗材质的优势使其具有优良的保温、隔声、气密、水密性能，节能效果显著，而且具有耐腐蚀、阻燃，使用寿命长的特点，已被广泛应用于各类建筑中，目前我国塑料窗和铝合金窗大约各占50%。

9.5 塑料管材

塑料管材代替铸铁管和镀锌钢管，具有质量轻、水流阻力小、不结垢、安装使用方便、耐腐蚀性好、使用寿命长等优点，并且生产能耗低。已广泛用于供水、排水、排气和排污、雨水管以及电线安装配套用的电线电缆管等，如图9-16~图9-19所示。

图 9-16　塑料雨水管

图 9-17　塑料下水管

图 9-18　塑料上水管

图 9-19　塑料室内铺地管

目前我国生产的塑料管材质，主要有聚氯乙烯、聚乙烯、聚丙烯等通用热塑性塑料及酚醛、环氧、聚酯等类热固性树脂玻璃钢和石棉酚醛塑料、氟塑料等。

9.5.1 聚烯管材

聚烯管材主要包括聚氯乙烯（PVC）、聚乙烯（PE）、聚丙烯（PP）三类塑料管材。

1. 聚氯乙烯（PVC）塑料管材

聚氯乙烯（PVC）塑料管材是建筑中广泛使用的一类塑料管材，系列产品有 PVC、硬质聚氯乙烯（UPVC）、氯化聚氯乙烯（CPVC）等品种。由于 PVC 树脂原料来源广，价格较低，产品性能佳，因此使用量很大。在建筑工程中，广泛使用 UPVC 管材。

硬质聚氯乙烯管材是以聚氯乙烯树脂为主要原料，加入稳定剂、抗冲击改性剂、润滑剂等助剂，经捏合、塑炼、切粒、挤出成型加工而成，如图 9-20 所示。

2. 聚乙烯（PE）塑料管材

聚乙烯塑料管以聚乙烯树脂为原料，配以一定量的助剂，经挤出成型加工而成。

聚乙烯塑料管一般用于建筑物内外（架空或埋地）输送液体、气体、食用液（如给水）等。但不适用于输送温度超过 45℃ 的水，如图 9-21、图 9-22 所示。

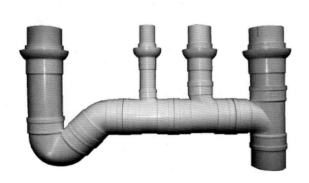

图 9-20　硬质聚氯乙烯管

图 9-21　聚乙烯塑料管材施工现场

3. 聚丙烯（PP）塑料管材

聚丙烯塑料管以聚丙烯树脂为原料，加入适量的稳定剂，经挤出成型加工而成。产品具有质轻、耐腐蚀、耐热性较高、施工方便等特点，如图 9-23 所示。

图 9-22　聚乙烯塑料管材

图 9-23　聚丙烯塑料管

聚丙烯塑料管适用于化工、石油、电子、医药、饮食等行业及各种民用建筑输送流体介质（包括腐蚀性流体介质）。也可作自来水管、农用排灌、喷灌管道及电器绝缘套管之用。

9.5.2 铝塑复合管（PAP）

1. 铝塑复合管（PAP）概念

简称为铝塑管（PAP），是以聚乙烯（PE）或交联聚乙烯（PEX）为内外层，中间芯层夹一焊接铝管，并在铝管的内外表面涂覆胶粘剂与塑料层粘接，通过一次成型或两次成型复合工艺成型的管材。具有五层结构，即塑料、专用热熔胶、铝材、专用热熔胶、塑料，如图9-24、图9-25所示。

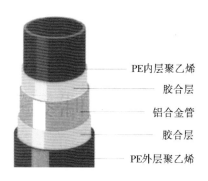

PE内层聚乙烯
胶合层
铝合金管
胶合层
PE外层聚乙烯

图 9-24　铝塑复合管结构示意图

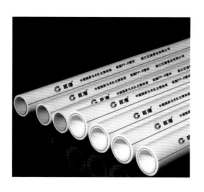

图 9-25　铝塑复合管产品

2. 铝塑复合管（PAP）特点

铝塑复合管主要具有以下优点：

（1）优异的耐腐蚀性能。内层 PE 为非极性高密度聚乙烯，能耐酸、碱、盐及各种化学腐蚀。

（2）优异的力学性能。具有较高的耐压、耐冲击、抗破裂能力。铝塑管在相当大的范围内可以任意弯曲（管子弯曲的最小半径为管外径的 5 倍），且不回弹。

（3）优异的阻透性。不渗透，气密性高，因中间是铝层，100% 隔氧，彻底消除渗透，有效保护管道设备。

（4）优异的耐寒耐热性能。工作温度 $-40 \sim 100℃$，可在 $100℃$、$1.0MPa$ 的压力下长期使用。

（5）良好的保温性。较低综合热［膨］胀系数，提高管的尺寸稳定性，热［膨］胀系数为 2.5×10^{-5}［m/（m·℃）］，是 PEX 的 1/6，其热导率为 $0.45W/（m·K）$，可用作热水、散热器、热介质的输送管道。

（6）抗静电性。用作通信线路时具有屏蔽作用，可以防止各种变频、磁场的干扰，同时可用于输送煤气、天然气。

（7）安装方便，综合费用低。铝塑复合管可用管剪或锯轻易截取，可在常温下手工弯曲，弯曲半径可达 5 倍管径而不反弹，并且回直方便，可节约大量弯连接件，连接主要采用卡圈压紧式管件，施工方便。

（8）可标示性强。铝塑管本身带有各种颜色，铺设明管不需另外漆色，暗管由于含有铝层，用金属探测器容易探测出管的埋藏位置。

但铝塑复合管也有很难回收，生产成本高，管件价格较贵，管结构复杂、质量控制难度大，受成型工艺影响大等缺点。

3. 铝塑管复合（PAP）应用

铝塑复合管主要应用领域为室内冷热水配管，煤气与天然气输送管道，中压（2MPa）以下压缩空气管道，化工、食品工业酸、碱、盐流体输送管道等。另外可用于通信、电信等电气屏蔽导管。

第10章 其 他 材 料

10.1 胶粘剂

胶粘剂又称粘合剂、粘结剂，是指能直接将两种材料牢固地黏接在一起的物质。它能在两种物体表面之间形成薄膜，使之黏接在一起，其形态通常为液态和膏状。

10.1.1 胶粘剂的组成

胶粘剂一般是以聚合物为基本组分的多组分体系，其组分主要包括：黏结料、固化剂、增韧剂、稀释剂、填料、改性剂。

1. 黏结料

黏结料是胶粘剂中的基本组分，它使胶粘剂具有黏附特性，它对胶粘剂的黏结性能起重要作用。胶粘剂中的黏结物质通常是由一种或几种高分子化合物混合而成，通常为合成橡胶或合成树脂。其中用于胶接结构受力部位的胶粘剂以热固性树脂为主，用于非受力部位和变形较大部位的胶粘剂以热塑性树脂和橡胶为主。

2. 固化剂

固化剂是促使黏结物质通过化学反应加快固化的组分，它可以增加胶层的内聚强度。其性质和用量对胶粘剂的性能起着重要的作用。常用的有胺类、酸酐类、高分子类和硫黄类等。在选择固化剂时，应按黏结料的特性及对固化后胶膜性能（如硬度、韧性和耐热等）的要求来选择。

3. 增韧剂

树脂固化后一般较脆，加入增韧剂后可提高冲击韧性，改善胶粘剂的流动性、耐寒性和耐振性。常用的增韧剂主要有邻苯二丁酯和邻苯二甲酸二辛酯等。

4. 稀释剂

稀释剂主要起降低胶粘剂黏度的作用，以便于操作，提高胶粘剂的湿润性和流动性。常用的稀释剂有丙酮、苯、甲苯等。

5. 填料

填料一般在胶粘剂中不发生化学反应，但加入填料后能使胶粘剂的稠度增加，降低热膨胀系数，减少收缩性，改善胶粘剂的抗冲击韧性和机械强度。常用的品种有滑石粉、石棉粉、铝粉等。

6. 改性剂

改性剂是为了改善胶粘剂的某一方面性能，以满足特殊要求而加入的一些组分。如将偶联剂加入胶粘剂中，可以提高黏结强度和改善其水稳定性。另外还有防老化剂、防腐剂、防霉剂、阻燃剂、稳定剂等。

10.1.2 胶粘剂的分类

胶粘剂品种繁多，按黏结料性质可分为无机胶粘剂和有机胶粘剂两大类。无机胶粘剂有磷酸盐类、硼酸盐类、硅酸盐类等。有机胶粘剂又分为天然胶粘剂和合成胶粘剂。天然胶粘剂常用于胶粘纸浆、木材、皮革等，由于来源少，性能不完善，逐渐趋于淘汰。合成胶粘剂则品种多、发展快、性能优良，如树脂型胶粘剂、橡胶型胶粘剂和混合型胶粘剂。

按胶粘剂的固化条件可分为室温固化胶粘剂、低温固化胶粘剂、高温固化胶粘剂、光敏固化胶粘剂、电子束固化胶粘剂等。

按胶粘剂的主要用途可分为通用型胶粘剂、结构型胶粘剂和特种胶粘剂。通用型胶粘剂有一定的黏结强度，但不能承受较大的负荷和温度，可用于非受力金属部件的黏结和本体强度不高的非金属材料的黏结，如聚氨酯胶粘剂。结构型胶粘剂具有较高的强度和一定的耐温性，用于受力构件的黏结，如酚醛-缩醛胶。特种胶粘剂不仅具有黏结强度，而且还有导电、耐高温、耐超低温等性能，如超低温聚氨酯胶。

10.1.3 常用胶粘剂的品种

1. 壁纸、壁布胶粘剂

（1）聚乙烯醇胶粘剂。可作为纸张（壁纸）、纸盒加工、织物及各种粉刷灰浆中的胶粘剂。

（2）聚乙烯醇缩甲醛胶（107胶）。107胶可用于塑料壁纸、壁布与墙面的黏结。也可作室内涂料的胶料和外墙装饰的胶料。

（3）801胶。801胶可用于壁布、壁纸、瓷砖及水泥制品等的粘贴，也可用作内外墙和地面涂料的胶料。

（4）聚醋酸乙烯胶粘剂（白乳胶）。可广泛用于黏结纸制品（壁纸）也可作防水涂料和木材的胶粘剂。

（5）SG8104胶。适用在水泥砂浆、混凝土、水泥石棉板、石膏板、胶合板等墙面上粘贴纸基塑料壁纸。

2. 木制品胶粘剂

（1）白乳胶。主要适用于木龙骨基架、木制基层以及成品木制面层板的黏结，也适用于墙面壁纸、墙面底腻的粘贴和增加胶性强度。

（2）309胶（万能胶）。主要适用于成品木制面层板、塑料制面层板、金属制面层板和无钉木制品的黏结。

（3）地板胶。主要适用于木制地面板材。

（4）专用地板乳胶。适用于复合地板企口黏结。

（5）鱼骨胶。主要适用于木制楔铆、插接部分的黏结。

3. 塑料地板胶粘剂

（1）水性10号塑料地板胶。适用于聚氯乙烯地板、木地板与水泥地面的黏结。

（2）PAA胶粘剂。是聚醋酸乙烯类胶粘剂，主要用于水泥地面、菱苦土地面、木板地面上粘贴塑料地板。

（3）8123聚氯乙烯塑料地板胶粘剂。适用于硬质、半硬质、软质聚氯乙烯塑料地板与水泥地面的粘贴，也适用于硬木拼花地板与水泥地面的粘贴。

（4）CX401 胶粘剂。适用于金属、橡胶、玻璃、木材、水泥制品、塑料和陶瓷等的粘合；常用于水泥墙面、地面粘合橡胶、塑料制品、塑料地板和软木地板等。

（5）405 胶。是聚氨酯类胶粘剂。常用于胶接塑料、木材、皮革等。

（6）HN—605 胶。适用于各种金属、塑料、橡胶和陶瓷等多种材料黏结。

4. 瓷砖、大理石胶粘剂

（1）AH—03 大理石胶粘剂。适用于大理石、花岗石、陶瓷锦砖、陶瓷面砖等与水泥基层的黏结。

（2）TAM 型通用瓷砖胶粘剂。适用于在混凝土，砂浆墙面、地面和石膏板等表面粘贴瓷砖、陶瓷锦砖、天然大理石、人造大理石等。

（3）TAS 型高强度耐水瓷砖胶粘剂：适用于在混凝土、钢铁、玻璃、木材等表面粘贴各种瓷砖、墙面砖、地砖，用于厨房、浴室、厕所等场所。

（4）TAG 型瓷砖勾缝剂。适用于各色瓷砖的勾缝，也可用于游泳池中的瓷砖勾缝。

5. 墙面腻底胶粘剂

在装修墙面腻子的施工过程中，除添加白乳胶外，还必须添加其他纤维较长的胶粘剂，以增加其强度。常用的有两种：

（1）107 胶。主要适用于墙面腻底和壁纸粘贴。一般不单独使用，铺地面时常加入混凝土中；贴壁纸时常与熟胶粉混合使用；刷墙时常与滑石粉、熟胶粉、白乳胶混合使用，以增强黏度。需要提醒的是，107 胶因甲醛含量严重超标，2001 年 7 月已被原国家建设部列为淘汰产品，禁止使用，家庭装修中，最好用熟胶粉代替。

（2）熟胶粉。主要适用于墙面底腻调制和壁纸粘贴，熟胶粉凝固慢，不单独使用。黏结强度低，有收缩现象；比 107 胶纤维还长，阻燃，溶解于水。

6. 其他用途胶粘剂

（1）玻璃胶。适用于装饰工程中造型玻璃的黏结、固定，也具备一定的密封作用。

（2）防水密封胶。适用于门窗、阳台窗的防水密封。

（3）PVC 专用胶。适用于黏结 PVC 管及管件。

（4）电工专用胶。适用于黏结塑料接线管及管件和绝缘密封。

10.1.4 常用胶粘剂性能及用途（表 10-1）

表 10-1 常用胶粘剂性能及用途

种　类		性　能	用　途
热塑性合成树脂胶粘剂	醛类胶粘剂	黏结强度较高，耐水性、耐油性、耐磨性及抗老化性较好	粘贴壁纸、壁布、瓷砖等，可用于涂料的主要成膜物质，或用于拌制水泥砂浆
	聚醋酸乙烯酯类胶粘剂	常温固化快，黏结强度高，黏结层的韧性和耐久性好，不易老化，无毒、无味，不易燃爆，价格低，但耐水性差	广泛用于粘贴壁纸、玻璃、陶瓷、塑料、纤维织物、石材、混凝土、石膏等各种非金属材料，也可作为水泥增强剂
	聚乙烯醇胶粘剂（胶水）	水溶性胶粘剂，无毒，使用方便，黏结强度不高	可用于胶合板、壁纸、纸张等的黏结

（续）

种	类	性 能	用 途
热固性合成树脂胶粘剂	环氧树脂类胶粘剂	黏结强度高，收缩率小，耐腐蚀，电绝缘性好，耐水，耐油	黏结金属制品、玻璃、陶瓷、木材、塑料、皮革、水泥制品、纤维制品等
	酚醛树脂类胶粘剂	黏结强度高，耐疲劳，耐热，耐气候老化	用于黏结金属、陶瓷、玻璃、塑料和其他非金属材料制品
	聚氨酯类胶粘剂	黏附性好，耐疲劳，耐油，耐水，耐酸，韧性好，耐低温性能优异，可室温固化，但耐热差	适于黏结塑料、木材、皮革等，特别适用于防水、耐酸、耐碱等工程中
合成橡胶胶粘剂	丁腈橡胶胶粘剂	弹性及耐候性良好，耐疲劳，耐油，耐溶剂性好，耐热，有良好的混溶性，但黏着性差，成膜缓慢	适用于耐油部件中橡胶与橡胶、橡胶与金属、织物等的黏结。尤其适用于黏结软质聚氯乙烯材料
	氯丁橡胶胶粘剂	黏附力强，内聚强度高，耐燃，耐油，耐溶剂性好。储存稳定性差	用于结构黏结。如橡胶、木材、陶瓷、石棉等不同材料的黏结
	聚硫橡胶胶粘剂	很好的弹性、黏附性。耐油、耐候性好，对气体和蒸汽不渗透，防老化性好	作密封胶及用于路面、地坪、混凝土的修补，表面密封和防滑。用于海港、码头及水下建筑物的密封
	硅橡胶胶粘剂	良好的耐紫外线、耐老化性、耐热、耐腐蚀性，黏附性好，防水防振	用于金属、陶瓷、混凝土、部分塑料的黏结。尤其适用于门窗玻璃的安装以及隧道、地铁等地下建筑中瓷砖、岩石接缝间的密封

10.1.5 胶粘剂的选用原则

胶粘剂的品种很多，性能差异很大，选用时一般要考虑以下因素：

1. 被粘物质的种类、特性和胶粘剂的性能

不同的材料，如金属、塑料、橡胶等，其本身分子结构，极性大小不同，在很大程度上会影响黏结强度。因此，要根据不同的材料选用不同的胶粘剂。

2. 被粘物品的受力情况

受力构件的黏结应选用强度高、韧性好的胶粘剂，若受力不大时，则可选用通用型胶粘剂。

3. 黏结件的使用温度

一般而言，橡胶型胶粘剂只能在 $-60 \sim 80 ℃$ 下工作；而以双酚 A 环氧树脂为黏结料的胶粘剂的工作温度在 $-50 \sim 18 ℃$ 之间。冷热交变是胶粘剂最苛刻的使用条件之一，特别是当被黏结材料性能差异较大时，对黏结强度的影响更显著，为了消除不同材料在冷热交变时由于膨胀系数不同产生的内应力，应选用韧性较好的胶粘剂。

此外，还应考虑施工条件、工艺、经济可靠和环保等因素。

10.2 建筑密封材料

建筑密封材料是指嵌填于建筑物缝隙、门窗四周、玻璃镶嵌部位以及由于开裂产生的裂缝处，并与缝隙表面很好结合成一体，实现缝隙密封的材料。此类材料应具有良好的弹塑性、黏结性、耐久性、水密性、气密性、延伸性及耐化学稳定性。

1. 建筑密封材料的分类

建筑密封材料可分为不定型密封材料（密封膏）、定型密封材料（止水带、密封圈、密封件等）和半定型密封材料（密封带、遇水膨胀止水条等）。不定型密封材料，俗称密封膏或嵌缝膏，是一种使用时为可流动或可挤注的不定型的膏状材料，应用后在一定的温度条件下（一般为室温固化型）通过吸收空气中的水分进行化学交联固化或通过密封膏自身含有的溶剂、水分挥发固化，形成具有一定形状的密封层。

2. 密封材料的品种和应用

（1）聚氨酯密封膏。聚氨酯密封膏是以多异氰酸酯、聚醚多元醇等经加成聚合制成预聚体为主料，配以催化剂、交联剂、无水助剂、紫外线吸收剂、增塑剂以及颜料等经混合、研磨等工序加工制造而成。这种密封膏能够在常温下固化，并有优良的弹性、耐热耐寒性和耐久性，与混凝土、木材、金属、塑料等多种材料有很好的黏结力，适用于各种装配式建筑的屋面板、楼地板、墙板、阳台、门窗框、卫生间等部位的接缝及施工密封，也可用于储水池、引水渠等工程的接缝、伸缩缝的密封，混凝土修补等。

（2）丙烯酸酯密封膏。丙烯酸酯密封膏是以丙烯酸酯乳液为主体材料，掺入少量的表面活性剂、增塑剂、改性剂、填料、颜料等经混合配制而成的单组分水乳型密封材料。丙烯酸酯密封膏具有很好的耐紫外线性能和耐油性、黏结性、延伸性、耐低温性和耐老化性，以水为稀释剂，黏度较小、无毒、无污染、安全可靠、价格适中、操作方便、干燥速度快。可用于墙板、屋面板、门窗、卫生间等的接缝密封防水及裂缝修补。

（3）聚硫密封膏。聚硫密封膏以液态聚硫橡胶或经树脂改性的聚硫橡胶为主体材料并配以硫化剂、补强剂、填充剂等配制而成的单组分或双组分的硫化型密封膏。聚硫密封膏具有优良的耐油性、耐老化性、耐水性、气密性、黏结性和低温柔性，能适应基层较大的伸缩变形，施工适用期可调整，垂直使用不流淌，水平使用时有自流平性，应用范围广泛。除适用于标准较高的建筑密封防水外，还用于高层建筑的接缝及窗框周边防水、防尘密封，中空玻璃、耐热玻璃周边密封，游泳池、储水槽、上下管道、冷库等接缝密封。但价格偏高，属于高档密封材料。

（4）建筑防水沥青嵌缝油膏。建筑防水沥青嵌缝油膏是以石油沥青为基料，加入改性材料及填充料等混合制成的冷用膏状材料。具有优良的防水防潮性能，黏结性好，延伸率高，能适应结构的适当伸缩变形。可用于嵌填建筑物的水平缝、垂直缝及各种构件的防水。

（5）无溶剂型自粘密封带。无溶剂型自粘密封带是一种在施工及应用过程中均不会出现溶剂挥发污染的黏结、密封、防水材料。一般以橡胶为主体材料，在工厂预制成为有预定厚度、宽度的半定型密封材料，外覆隔离纸，在现场按预制形状或需要的形状填封。建筑防水密封工程中目前应用较多的自粘型密封带对改善钢结构屋面板的连接部分的密封质量、提高卷材防水工程的接缝部位的整体性效果以及墙体、板缝等部位的密封均有其他材料无法比拟的应用效果。

10.3 绝热材料

在建筑中，习惯把用于控制室内热量外流的材料称为保温材料，把防止热量进入室内的材料称为隔热材料，保温、隔热材料统称为绝热材料。绝热材料通常为质轻、疏松、多孔或纤维状材料，主要用于屋面、墙体、地面、管道等的隔热与保温。合理使用绝热材料减少热损失，节约能源，减小外墙厚度，减轻自重，从而节约材料、降低造价，保证室内温度适宜人们生活、工作与学习。

10.3.1 绝热材料的性能

1. 导热性

导热性是指材料传递热量的性质。材料导热性的大小用热导率 λ 表示。热导率的物理意义为：在稳定传热条件下，当材料层单位厚度内的温差为 1K 时，在 1s 内通过单位面积（1mm²）传递的热量。材料的热导率越小，表示其绝热性能越好。工程上将热导率 $\lambda <$ 0.23W/m·K 的材料成为绝热材料。

影响热导率的主要因素有：材料组成、微观结构、孔隙率、孔隙特征、温度、湿度和热流方向。

2. 温度稳定性

温度稳定性是指材料在受热作用下保持其原有性能不变的能力。通常用其不致丧失绝热性能的极限温度来表示。

3. 吸湿性

吸湿性是指绝热材料从潮湿环境中吸收水分的能力。一般来说材料吸湿性越大，对绝热效果越不利。

4. 强度

强度通常用抗压强度和抗折强度来表示。对于某些纤维材料，常用材料达到某一变形时的承载能力作为其强度代表值。由于绝热材料含有大量孔隙，故强度一般较低，因此不宜将绝热材料用于承重部位。

此外，绝热材料还应具有一定的抗冻性、防火性、耐腐蚀性等。

10.3.2 绝热材料的种类及使用

一般绝热材料按材质可分为无机保温隔热材料和有机保温隔热材料。无机保温隔热材料一般由矿物质原料制成，呈散粒状、纤维状或多孔状，可制成板、片、卷材等形式的制品，包括岩石棉、岩矿棉、玻璃棉、膨胀珍珠岩、多孔混凝土等；有机保温隔热材料由有机原料制成，包括软木、纤维板、刨花板、聚苯乙烯泡沫塑料、聚氨酯泡沫塑料、聚氯乙烯泡沫塑料、脲醛泡沫塑料等。

1. 常用无机保温隔热材料

（1）岩矿棉。岩矿棉是一种优良的保温隔热材料，根据所用原料不同分为岩石棉和矿渣棉。矿渣棉是由熔融矿渣经熔融后吹制而成；岩石棉是由熔融岩石（玄武岩、辉绿岩等），经喷吹而制成的纤维材料。其纤维长，耐久性较矿渣棉更优，但成本稍高。将矿渣棉与有机胶粘剂结合可以制成矿棉板、毡、管壳等制品，热导率为 0.044 ~ 0.049W/（m·K），具有质轻、吸声、隔振、不燃、绝热和电绝缘、使用温度高等特点，且原料丰富，成本低。主要应用于墙体、屋面、房门、地面等保温和隔声、吸声、隔振材料，国外多用于制取粒状棉，以制造装饰吸声板，也用作墙面、顶棚、梁柱、窑炉表面等的喷涂，作防火、保温及装饰之用。

（2）玻璃棉。玻璃棉是以玻璃原料或碎玻璃经熔融后拉制、吹制或甩制成的极细的纤维状材料。在玻璃棉中加入一定量的胶粘剂和添加料，经固化、切割、贴面等工序可制成各种用途的玻璃棉制品。玻璃棉具有质轻、吸声性好、过滤效率高、不燃、耐腐蚀性好等特点，除可用做围护结构及管道绝热外，还可用于低温保冷工程。如玻璃棉毡、卷毡用于建筑、空调、冷库、消声室等的保温、隔热、隔声，玻璃棉板用于录音间、冷库、隧道、房屋等绝热、隔声，玻璃棉装饰板用于剧场、音乐厅顶棚等。但是由于吸水性强，因此不得露天存放和雨天施工。

（3）膨胀珍珠岩。膨胀珍珠岩是由天然珍珠岩、黑耀岩或松脂岩为原料，经破碎、分级、预热、高温焙烧瞬时急剧膨胀而得的蜂窝状白色或灰白色松散颗料。其堆积密度约为 40 ~ 500kg/m³，热导率 $\lambda = 0.047 ~ 0.074$ W/（m·K），适应温度 −200 ~ 800℃。具有质轻、化学稳定性好、吸湿性小、不燃烧、耐腐蚀、防火、吸声等特点，而且其原料来源丰富、加工工艺简单、价格低廉。除可用作保温填充料、轻骨料及防水、装饰涂料的填料外，其胶结制品（如石膏珍珠岩、屋面憎水珍珠岩板、纤维石膏珍珠岩吸声板）可用于内、外墙保温、装饰和防水，其烧结制品（如膨润土、沸石、珍珠岩烧结制品等）可用于内墙保温材料。

（4）膨胀蛭石。膨胀蛭石是以蛭石为原料，经烘干、破碎、焙烧，在短时间内体积急剧膨胀而成的一种轻质粒状物料。其表观密度小（87 ~ 900kg/m³），热导率 $\lambda = 0.046 ~ 0.07$ W/（m·K），使用温度 1000 ~ 1100℃，具有强度高，质量稳定，耐火性强的特点，是一种良好的保温隔热材料，既可以直接填充在墙壁、楼板、屋面等中间层，起绝热隔声作用，又可与水泥、水玻璃、沥青、树脂等胶结材料配制混凝土，现浇或预制成各种规格的构件或不同形状和性能的蛭石制品。

（5）微孔硅酸钙。微孔硅酸钙是以粉状硅质材料、石灰、纤维增强材料、助剂和水经搅拌、凝胶化、成型、蒸压养护、干燥等工序制成。其主要水化产物为托贝莫来石或硬硅钙石。微孔硅酸钙具有表观密度小（100 ~ 1000kg/m³），强度高，热导率 [0.036 ~ 0.224 W/（m·K）] 较小，使用温度高（100 ~ 1000℃），以及质量稳定、耐水性强、无腐蚀、耐用、可锯可刨、安装方便等优点，被广泛应用于热力设备、管道、窑炉的保温隔热材料，房屋建筑的内墙、外墙、隔墙板、吊顶的防火覆盖材料，以及走道的防火隔热材料。

（6）泡沫玻璃。泡沫玻璃是一种内部充满无数微小气孔，具有均匀孔隙结构的多孔玻璃制品。其气孔体积占 80% ~ 90%，孔径 0.5 ~ 5mm，或更小。具有轻质、高强、隔热、吸声、不燃、耐虫蛀、耐细菌及抗腐蚀好、易加工等特点。主要用于为墙体、地板、顶棚、屋面的绝热及设备管道、容器的绝热。

（7）陶瓷纤维。陶瓷纤维采用氧化硅、氧化铝为原料，经高温熔融、喷吹制成。其纤维直径为 2 ~ 4μm，表观密度为 140 ~ 190kg/m³，热导率为 0.036 ~ 0.224 W/（m·K），使用温度为 1100 ~ 1350℃。陶瓷纤维除可制成毡、毯、纸、绳等制品用于高温绝热外，还可用于高温下的吸声材料。

（8）吸热玻璃。吸热玻璃是在普通玻璃中加入氧化亚铁等能吸热的着色剂，或在玻璃表面喷涂氧化锡制成的。玻璃本身呈蓝色、天蓝色、茶色、灰绿色、蓝绿色、金黄色等多种颜色。与相同厚度的普通玻璃相比，吸热玻璃的热阻挡率可提高 2.5 倍，多用于建筑门窗或幕墙。

（9）热反射玻璃。在平板玻璃表面涂覆金属或金属氧化膜，可制得热反射玻璃。这种玻璃的热反射率可达 40%，从而起绝热作用，多用于门、窗、橱窗上，近年来广泛用于高层建筑的幕墙玻璃。

2. 常用有机保温隔热材料

（1）泡沫塑料。泡沫塑料以各种树脂为基料，加入少量发泡剂、催化剂、稳定剂及辅料经加热发泡制成的轻质、绝热、吸声、防振材料。它保持了原有树脂的性能，并且比同种塑料具有表观密度小、热导率低、隔热性能好、加工使用方便等优点，因此广泛用作建筑上的绝热材料。如聚苯乙烯泡沫塑料遇火自行灭火，可用于安全要求较高的设备保温上；聚苯乙烯泡沫塑料可用于屋面、墙面绝热，还可与其他材料制成夹心板材使用，也可用于包装减振材料；聚氨基甲酸酯泡沫塑料可用于屋面、墙面绝热，还可用于吸声、浮力、包装及沉淀材料。

（2）碳化软木板。碳化软木板是以一种软木橡树的外皮为原料，适当破碎后再在模型中成型，经 300℃ 的热处理而成。由于软木树皮一层中含有无数树脂包含的气泡，所以成为理想的保温、绝热、吸声材料。又由于其气温下长期使用不会引起性能的显著变化，故常用作保冷材料。

（3）硬质泡沫橡胶。硬质泡沫橡胶用化学发泡法制成。具有表观密度小、保温性能好、抗碱和盐侵蚀能力强的特点，但耐热性较差，在低温下具有很好的体积稳定性，可用于冷冻库。

（4）纤维板。凡是用植物纤维、无机纤维制成的或用水泥、石膏将植物纤维凝固成的人造板统称为纤维板。其表观密度为 210 ~ 1150kg/m³，热导率为 0.058 ~ 0.307 W/（m·K），可用于墙壁、地板、屋顶的保温隔热，也可用于包装箱、冷藏库等。

（5）窗用绝热薄膜。窗用绝热薄膜是以聚酯薄膜经紫外线吸收剂处理后，在真空中蒸镀金属粒子沉积层，然后与有色透明塑料薄膜压制而成。其阳光反射率最高可达 80%，可见光的透过率可下降 70% ~ 80%，可用于门、窗、汽车车窗等。

（6）中空玻璃。中空玻璃是由两层或两层以上平板玻璃或钢化玻璃、吸热玻璃及热反射玻璃，以高强度气密性的密封材料将玻璃四周密封，而玻璃之间一般留有 10 ~ 30mm 的空间并充入干燥气体而制成的玻璃制品。其保温、绝热、节能性好，隔声性能优良，非常适合在住宅建筑中使用。

第11章 典型装饰材料取样与检测试验

11.1 装饰石膏板取样与检测试验

11.1.1 抽样数量

以同型号、同规格的产品 500 块板材为一批，不足 500 块时也按一批计，对于普通板，从每批产品中随机抽取 3 张整板作为一组试样，对于防潮板，从每批产品中随机抽取 9 张整板作为一组试样。

11.1.2 检测依据

《装饰石膏板》JC/T 799—2007。

11.1.3 检测项目

含水率、吸水率、断裂荷载、受潮挠度。

11.1.4 试验仪器设备

（1）钢直尺。最大量程 1000mm，精度 1mm。
（2）台秤。最大称量 5kg，感量 5g。
（3）电热鼓风干燥箱。控温灵敏度 ±10℃。
（4）板材抗折机。一级精度，示值误差 ±1%。
（5）受潮挠度测定仪。精度 1mm，温度波动度 ±10℃，湿度波动度 ±2%。
（6）水槽：足以水平放下整块石膏板。

11.1.5 试件数量及试件处理

（1）对于平板、孔板及浮雕板，以三块整板作为一组试样，用于测定含水率和断裂荷载。
（2）对于防潮板，以九块整板作为一组试样，其中三块的用途与普通板相同；另外三块用于测定吸水率；余下的三块则从每块板上锯取 1/2，组成三个 500mm × 250mm 或 600mm × 300mm 的试件，用于受潮挠度的测定。
（3）用于断裂荷载、受潮挠度和吸水率测定的试件，应预先在电热鼓风干燥箱中，在 (40 ±2)℃条件下烘干至恒量（试件在 24h 内的质量变化小于 5g 时即为恒量），并在不吸湿的条件下冷却至室温，再进行试验。

11.1.6 试验步骤及结果计算

1. 含水率的测定

分别称量三块试件的质量 m_1，然后在电热鼓风干燥箱中在（40±2）℃条件下烘干至恒量（试件在24h内的质量变化小于5g时即为恒量），并在不吸湿的条件下冷却至室温，再称量试件的质量 m_2，精确至5g。

试件的含水率按下式计算：

$$W_{含} = \frac{m_1 - m_2}{m_2}$$

式中 $W_{含}$——试件含水率（%）；

m_1——试件烘干前的质量（g）；

m_2——试件烘干后的质量（g）。

计算三块试件含水率的平均值，并记录其中的最大值，精确至0.5%。

2. 单位面积质量的测定

利用含水率试验试件烘干后的质量 m_2，精确至0.1kg，除以相对应的试件面积，计算每块试件的单位面积质量和平均的单位面积质量。同时记录单位面积质量的最大值，均精确至0.1kg/m²。

3. 断裂荷载的测定

利用单位面积质量测定后的三块试件，分别进行断裂荷载的测定。将试件安放在板材抗折试验机上、下压辊之间，试件的正面向下放置，下压辊中心间距（B）为试件长度（L）减去50mm。在跨距中央，通过上压辊施加荷载，加荷速度为（4.9±1.0）N/s，直至试件断裂。计算三块试件断裂荷载的平均值，并记录其中的最小值，精确至1N。

4. 受潮挠度的测定

将三块试件在电热鼓风干燥箱中，在（40±2）℃条件下烘干至恒量（试件在24h内的质量变化小于5g时即为恒量），并在不吸湿的条件下冷却至室温，烘干至恒量，然后将每块试件正面向下，分别悬放在受潮挠度测定仪试验箱中三个试验架的支座上，支座中心距为试件长度减去20mm。在温度（32±2）℃，空气相对湿度为（90±3）%条件下，将试件放置48h。利用专用的测量头，分别测定每个试验架上试件中部受潮前后的下垂度，记录受潮后下垂度的增加值，即为试件的受潮挠度。计算三个试件受潮挠度的平均值，并记录其中的最大值，精确至1mm。

5. 吸水率的测定

将三块试件预先在电热鼓风干燥箱中，在（40±2）℃条件下烘干至恒量（试件在24h内的质量变化小于5g时即为恒量），并在不吸湿的条件下冷却至室温，烘干至恒量，称量，然后一起进入水温为（20±3）℃水槽中。试件上表面低于水面30mm。试件不互相紧贴，也不与水槽底部紧贴。在水中浸泡2h后，取出试件，用拧干的湿毛巾吸去试件表面的水，称量。精确至5g。

试件的吸水率按下式计算：

$$W_{吸} = \frac{G_1 - G_2}{G_2}$$

式中 $W_{吸}$——试件吸水率（%）；

$\quad\quad G_1$——试件浸泡后的质量（g）；

$\quad\quad G_2$——试件浸泡前的质量（g）。

计算三块试件吸水率的平均值，并记录其中的最大值，精确至0.5%。

11.2 人造木板及饰面人造木板游离甲醛释放量检测（环境测试舱法）

民用建筑工程室内用人造木板及饰面人造木板，必须测定游离甲醛含量或游离甲醛释放量，其限量应符合现行国家标准《室内装饰装修材料 人造板及其制品中甲醛释放限量》（GB 18580—2008）的规定，即≤0.12mg/m³。饰面人造木板可采用环境测试舱法或干燥器法测定游离甲醛释放量，当发生争议时应以环境测试舱法的测定结果为准；胶合板、细木工板宜采用干燥器法测定游离甲醛释放量；刨花板、纤维板等宜采用穿孔法测定游离甲醛含量。

11.2.1 检测依据

（1）《民用建筑工程室内环境污染控制规范》［GB 50325—2010（2013年版）］。

（2）《人造板及饰面人造板理化性能试验方法》（GB/T 17657—2013）。

11.2.2 编制目的

为对民用建筑工程室内装饰装修所用人造板及饰面人造板、粘合木结构、壁布、帷幕等材料中甲醛释放量的测定，规范分析人员的操作，以确保测试数据的准确可靠，特制订本细则。

11.2.3 适用范围

本细则适用于民用建筑工程室内装饰装修所用人造板及饰面人造板、粘合木结构、壁布、帷幕等材料中甲醛释放量的检测。

11.2.4 方法原理

将表面积与测试舱容积之比为1（m²）:1（m³）的试样，放入温度、相对湿度、空气流速和空气交换率控制在一定范围值的测试舱内。甲醛从试样中释放出来，与舱内空气混合，定时抽取舱内空气，将抽取的空气通过有蒸馏水的吸收瓶，空气中的甲醛全部溶于水中；测定吸收液中甲醛的量，再根据抽取空气的体积，计算出每立方米（m³）舱内空气中的甲醛量（mg）。以毫克每立方米（mg/m³）表示，抽气是周期性的，直到舱内空气甲醛浓度达到稳定状态为止。

11.2.5 检验人员

检验人员须经培训考核，持证上岗。至少应有二名或二名以上能熟练掌握本项操作技术的分析人员，工作中相互比对复核，以确保检测数据的准确、可靠。

11.2.6 仪器及设备

（1）环境测试舱的容积应为 1～40m³，内壁材料应采用不锈钢、玻璃等惰性材料建造。

1）环境测试舱的运行条件应符合下列规定

① 温度：（23±1）℃。

② 相对湿度：（45±5）%。

③ 空气交换率：（1±0.05）次/h。

④ 被测样品表面附近空气流速：0.1～0.3m/s。

⑤ 人造木板、粘合木结构材料、壁布、帷幕的表面积与环境测试舱容积之比应为1:1；地毯、地毯衬垫的面积与环境测试舱容积之比为 0.4:1。

⑥ 测定材料的 TVOC 和游离甲醛释放量前，环境测试舱内洁净空气中 TVOC 含量不应大于 0.01mg/m³、游离甲醛含量不应大于 0.01mg/m³。

2）测试舱测试的操作规定

① 测定饰面人造木板时，用于测试的板材均应用不含甲醛的胶带进行边沿密封处理。

② 人造木板、粘合木结构材料、壁布、帷幕应垂直放在环境测试舱内的中心位置，材料之间距离不应小于200mm，并与气流方向平行。

③ 地毯、地毯衬垫应正面向上平铺在环境测试舱底，使空气气流均匀地从试样表面通过。

④ 环境测试舱法测试人造木板或粘合木结构材料的游离甲醛释放量，应每天测试1次。当连续2d测试浓度下降不大于5%时，可认为达到了平衡状态。以最后2次测试值的平均值作为材料游离甲醛释放量测定值；如果测试第28天仍然达不到平衡状态，可结束测试，以第28天的测试结果作为游离甲醛释放量测定值。

⑤ 环境测试舱法测试地毯、地毯衬垫、壁布、帷幕的 TVOC 或游离甲醛释放量，试样在试验条件下，在测试舱内持续放置时间应为24h。

（2）电子天平。

（3）可见分光光度计。

（4）空气抽样采集装置。

（5）恒温水浴锅。

11.2.7 主要试剂

（1）甲醛标准溶液，浓度15μg/mL。

（2）乙酰丙酮溶液：0.4%（体积百分浓度）。配制：用移液管吸取4mL乙酰丙酮（优级纯）于1L棕色容量瓶中，加蒸馏水至刻度，摇匀，储存于暗处。保质期1个月。

（3）乙酸铵溶液：20%（质量百分浓度）。配制：在感量为0.01g的天平上称取200g乙酸铵于500mL烧杯中，加蒸馏水使之完全溶解并转移到1L棕色容量瓶中，用蒸馏水稀释至刻度，摇匀，储存于暗处。保质期1个月。

11.2.8 检测程序

1. 采样

先将空气采样系统与环境测试舱的空气出气口连接，在两个吸收瓶中各加入25mL蒸馏水，开动抽气泵，控制抽气速度为2L/min，记录每次抽取气样的体积（V_t不得少于100L）。

2. 乙酰丙酮-分光光度法测定甲醛含量

（1）制作标准曲线。准确分取 0mL、5mL、10mL、20mL、50mL、100mL 的每 mL 含 15μg 甲醛的标准溶液于 6 个 100mL 的容量瓶中，用蒸馏水稀释至刻度，摇匀。各分取 10mL 于 6 个 50mL 带塞三角烧瓶中，分别加入 10mL 0.4% 的乙酰丙酮溶液和 10mL 20% 的乙酸铵溶液，盖上塞子，摇匀。置于（40±2）℃的水浴锅中加热 15min，并放在暗处冷却。至室温后，在分光光度计上，选择 412nm 波长、0.5cm 比色皿，以蒸馏水作参比测量其吸光度（A）。绘制其吸光度与甲醛浓度（0～0.015mg/mL）对应的标准曲线，求算出斜率（f）（保留四位有效数字）。

（2）测定样液含量。将两个吸收瓶中的吸收液，分别定容于 50mL 容量瓶中摇匀。从中准确吸取 10mL 于 50mL 带塞三角烧瓶中，分别加入 10mL 0.4% 的乙酰丙酮溶液和 10mL 20% 的乙酸铵溶液，盖上塞子，摇匀。置于（40±2）℃的水浴锅中加热 15min，并放在暗处冷却。至室温后，在分光光度计上，选择 412nm 波长、0.5cm 比色皿，以蒸馏水作参比，调零，测量其吸光度（A_s），同时用蒸馏水代替待测液作空白试验，确定空白值 A_b。

（3）结果计算。吸收液吸光度（A_s）与空白值 A_b 之差乘以校正曲线斜率（f），再乘以吸收液定容体积（V_{soL}），即为每个吸收液中的甲醛量。两个吸收液中的甲醛量相加，即为甲醛总量。甲醛总量除以抽取气样的体积 V_{air}，即得每立方米空气中的甲醛量，以毫克每立方米（mg/m³）表示。空气样品的体积应通过气体方程式校正到标准温度 23℃ 时的体积。计算公式为：

1）（每份吸收液中甲醛量）$G = (A_s - A_b) \times f \times V_{soL}$

2）甲醛总量 $G_{tot} = G_1 + G_2$

3）甲醛浓度 $C = G_{tot}/V_{air}$

11.2.9 检验规则

（1）分委托检验和型式检验。

（2）委托检验只对来样负责，检测甲醛释放量测定结果达到标准要求，则判定为合格，反之则不合格。

（3）型式检验

1）从同一地点、同一类别、同一规格的人造板及制品中随机抽取三份，并立即用不会释放或吸附甲醛的包装材料将样品密封后待测。在生产企业抽取样品时，必须从生产企业成品库内标识合格的产品中抽取。在经销企业抽取样品时，必须从经销现场或经销企业成品库内标识合格的产品内随机抽取。

2）判定规则与复验规则

在随机抽取的三份样品中，任取一份样品按本规定检测甲醛，测定结果达到标准要求，则判定为合格，如按本规定检测甲醛释放量，测定结果达不到标准要求，则对另外两份样品再进行测定。如两份均达到标准要求，则判定为合格；如两份样品中只有一份达到标准要求或两份样品均不符合规定要求，则判定为不合格。

（4）检验报告

1）检验报告的内容包括产品名称、规格、类别、等级、生产日期、检验依据标准。

2）检验结果和结论。

3）检验过程中出现的异常情况和其他有必要说明的问题。

11.2.10　注意事项

（1）由于环境测试舱法的测定周期比较长，因此要注意所用化学试剂的稳定性。

（2）每次测定前的气体样品的流速和时间应保持一致。

11.3　人造木板及饰面人造木板游离甲醛释放量检测（干燥器法）

11.3.1　检测依据

（1）《民用建筑工程室内环境污染控制规范》［GB 50325—2010（2013 年版）］。

（2）《人造板及饰面人造板理化性能试验方法》（GB/T 17657—2013）。

11.3.2　编制目的

为对民用建筑工程室内装饰装修所用人造板（胶合板、细木工板）中甲醛释放量的测定，规范分析人员的操作，以确保测试数据的准确可靠，特制订本细则。

11.3.3　适用范围

本细则适用于民用建筑工程室内装饰装修所用人造板（胶合板、细木工板）中甲醛释放量的检测。

11.3.4　检验人员

检验人员须经培训考核，持证上岗。至少应有二名或二名以上能熟练掌握本项操作技术的分析人员，工作中相互比对复核，以确保检测数据的准确、可靠。

11.3.5　仪器及设备

（1）干燥器 3 个（直径为 240mm、容积 9～11L）。

（2）结晶皿 3 个（直径为 120mm、高度为 60mm）。

（3）试件架 2 个。

（4）电子天平：感量 0.0001g。

（5）玻璃器皿。

1）单表线移液管：0.1mL、2.0mL、25mL、50mL、100mL。

2）量筒：10mL、50mL、100mL、250mL、500mL。

3）白色容量瓶：100mL、1000mL、2000mL。

4）棕色容量瓶：1000mL。

5）带塞三角烧瓶：50mL、100mL。

6）烧杯：100mL、250mL、500mL、1000mL。

7）棕色细口瓶：1000mL。

（6）小口塑料瓶。

（7）可见分光光度计 7230G 型。

（8）恒温水浴锅。

11.3.6　主要试剂

所用试剂凡未指明规格者均为分析纯，试验用水均为蒸馏水或去离子水。

（1）乙酰丙酮溶液：0.4%（体积百分浓度）。

配制：用移液管吸取 4mL 乙酰丙酮（优级纯）于 1L 棕色容量瓶中，加蒸馏水至刻度，摇匀，储存于暗处。保质期 1 个月。

（2）乙酸铵溶液：20%（质量百分浓度）。

配制：在感量为 0.01g 的天平上称取 200g 乙酸铵于 500mL 烧杯中，加蒸馏水使之完全溶解并转移到 1L 棕色容量瓶中，用蒸馏水稀释至刻度，摇匀，储存于暗处。保质期 1 个月。

（3）碘溶液［C（$1/2I_2 = 0.1mol/L$）］：称量 12.7g 碘和 30g 碘化钾，加水溶解，并用水稀释至 1000mL。

（4）5g/L 淀粉溶液：称量 0.5g 可溶性淀粉，用少量水调成糊状后，再加刚煮沸的水至 100mL，冷却后，加入 0.1g 水杨酸保存。

（5）1mol/L 氢氧化钠溶液：称量 40g 氢氧化钠，加水溶解，并用水稀释至 1000mL。

（6）0.5mol 硫酸溶液：向 500mL 水中加入 28mL 硫酸混匀后，再加水至 1000mL。

（7）硫代硫酸钠标准溶液［C（$Na_2S_2O_3$）$= 0.1000mol/L$］：称量 26g 硫代硫酸钠（$Na_2S_2O_3 \cdot 5H_2O$）溶于新煮沸冷却的水中，加入 0.2g 无水碳酸钠，再用水稀释至 1000mL。储于棕色瓶中，如浑浊应过滤。放置一周后，标定其准确浓度。

（8）甲醛标准溶液

1）甲醛标准储备溶液：量取 2.5g 含量为 35%～40% 甲醛溶液放入 1000mL 容量瓶中，加水至刻度线。此溶液 1mL 约含 1mg 甲醛。其准确度用下述碘量法标定。此溶液可稳定三个月。标定方法：准确量取 20.00mL 待标定的甲醛储备溶液，于 250mL 碘量瓶中，加入 25.00mL 碘标准溶液，10mL1mol/L 氢氧化钠溶液，放置 15min。加入 15.00mL0.5mol/L 硫酸溶液，再放置 15min。用 0.1000mol/L 硫代硫酸钠标准溶液滴定，至溶液呈淡黄色。加入 1mL5g/L 淀粉溶液，溶液呈淡蓝色，继续滴定至蓝色刚好褪去，即为终点，记录所用硫代硫酸钠标准体积（V_1mL）。同时，用水作空白滴定，记录空白滴定所用硫代硫酸钠标准体积（V_2mL）。标定滴定和空白滴定各重复两次，两次滴定所用硫代硫酸钠标准体积不得超过 0.05mL。甲醛储备溶液的准确浓度用下式计算：

$$甲醛标准储备溶液浓度（mg/mL） = \frac{(V_1 - V_2) \times M \times 15}{20}$$

式中　M——硫代硫酸钠标准溶液的浓度（mol/L）；

　　　15——甲醛摩尔质量的 1/2；

　　　20——标定时所量取甲醛储备溶液的体积（mL）。

2）甲醛标准工作液：临用时，将甲醛标准储备溶液用水稀释成 1.00mL 含 0.015mg 甲醛的标准工作溶液。

11.3.7 检测程序

（1）样品准备。先将样品截成长 L =（150 ± 2）mm、宽 b =（50 ± 1）mm，共计 20 块，沿边用铝箔纸进行密封处理。

（2）在结晶皿内加入 300mL 蒸馏水，在干燥器上部放置试件架，在试件架上固定试件，试件之间互不接触，每个干燥器内放 10 块，两个试件做对比，第三个做空白试验。测定装置（20 ± 2）℃下放置 24h，蒸馏水吸收从试件释放出的甲醛，此溶液作为待测液。

（3）乙酰丙酮-分光光度法测定甲醛含量

1）制作标准曲线。分别取 0mL、5mL、10mL、20mL、50mL、100mL 的甲醛的标准溶液于 6 个 100mL 的容量瓶中，用蒸馏水稀释至刻度，摇匀。然后分别取 10mL 于 6 个 50mL 带塞三角烧瓶中，分别加入 10mL 0.4% 的乙酰丙酮溶液和 10mL 20% 的乙酸铵溶液，盖上塞子，摇匀。置于（40 ± 2）℃的水浴锅中加热 15min，并放在暗处冷却。至室温（18 ~ 28℃，约 1h），在分光光度计 412nm 波长处、以蒸馏水为对比溶液，调零。用厚度为 0.5cm 比色皿，测量其吸光度（A）。绘制以吸光度为横坐标，甲醛含量为纵坐标的吸光度与甲醛浓度（0 ~ 0.015mg/mL）对应的标准曲线，求算出斜率（f）（保留四位有效数字）。

2）测定样液含量。从结晶皿中准确吸取 10mL 待测液于 50mL 带塞三角烧瓶中，分别加入 10mL 0.4% 的乙酰丙酮溶液和 10mL 20% 的乙酸铵溶液，盖上塞子，摇匀。置于（40 ± 2）℃的水浴锅中加热 15min，并放在暗处冷却。至室温（18 ~ 28℃，约 1h），在分光光度计 412nm 波长、以蒸馏水为对比溶液，调零。用厚度为 0.5cm 比色皿，测量其吸光度（A_s），同时用蒸馏水代替萃取液作空白试验，确定空白值 A_b。

3）结果计算。吸收液吸光度（A_s）与空白值（A_b）之差乘以校正曲线斜率（f），即为待测液甲醛浓度。以毫克每毫升（mg/mL）表示。计算公式：$C = (A_s - A_b) \times f$

一张板的甲醛释放量是同一张板内两个试件释放量的算术平均值，精确至 0.1mg/mL。

11.3.8 检验规则

（1）分委托检验和型式检验。

（2）委托检验只对来样负责，检测甲醛释放量测定结果达到标准要求，则判定为合格，反之则不合格。

（3）型式检验

1）从同一地点、同一类别、同一规格的人造板及制品中随机抽取三份，并立即用不会释放或吸附甲醛的包装材料将样品密封后待测。在生产企业抽取样品时，必须从生产企业成品库内标识合格的产品中抽取。在经销企业抽取样品时，必须从经销现场或经销企业成品库内标识合格的产品内随机抽取。

2）判定规则与复验规则

在随机抽取的三份样品中，任取一份样品按本规定检测甲醛，测定结果达到标准要求，则判定为合格，如按本规定检测甲醛释放量，测定结果达不到标准要求，则对另外两份样品再进行测定。如两份均达到标准要求，则判定为合格；如两份样品中只有一份达到标准要求或两份样品均不符合规定要求，则判定为不合格。

（4）检验报告

1）检验报告的内容包括产品名称、规格、类别、等级、生产日期、检验依据标准。

2）检验结果和结论。

3）检验过程中出现的异常情况和其他有必要说明的问题。

11.4 人造木板及饰面人造木板游离甲醛释放量检测（穿孔法）

11.4.1 方法提要

受试板块在甲醛溶液中加热至沸腾规定的时间，然后用蒸馏水或去离子水吸收所萃取的甲醛，用乙酰丙酮分光光度法测定水溶液中甲醛含量。

11.4.2 测试样品准备

（1）将受试板材每端各去除50cm宽条，然后沿板宽方向均匀截取受试板块。

（2）截取2.5cm×2.5cm的受试板块24块，用于含水量测定；另截取1.5cm×2.0cm的受试板块，用于甲醛含量测定。

11.4.3 测试样品

（1）含水量测定：用6~8块受试板块（2.5cm×2.5cm）为一组样品，进行平行试验，测定含水量并计算。

（2）多孔器萃取

1）以0.1g的精度称量105~110g受试板块，放入球形烧杯中，加入600mL甲苯，然后连接多孔器套管和烧瓶。

2）多孔器套管中加入约1000mL水，水面距离吸管口1.5~2.0cm，连接冷凝器。

3）在250mL锥形吸收瓶中加入100mL水，与多孔器套管相连，然后打开冷却水和加热器。

4）以第一个气泡通过内置过滤器开始计时。2h（±0.5min）后萃取结束，关闭加热器，移开锥形吸收瓶。

5）在冷却到室温后打开多孔器套管活塞，让套管中的水流入2000mL容量瓶中，用蒸馏水冲洗多孔器套管内壁两次，每次200mL。洗液回收入容量瓶中。弃去甲苯。锥形吸收瓶中的水合并入2000mL，加蒸馏水至刻度线。

6）同时用同一批号的甲苯做空白试验。

（3）萃取仪中甲醛的测定

1）标准曲线：分别吸取0mL、5.0mL、10.0mL、20.0mL、50.0mL、100.0mL甲醛标准工作溶液于100mL容量瓶中，稀释至刻度，加入10mL乙酰丙酮溶液和10mL 200g/L乙酸铵溶液，加塞后，混匀。在40℃恒温箱中加热15min，避光冷却至室温。在分光光度计412nm波长处，用5mm比色皿，以纯水做参比，分别测定其吸光度（A）。然后以甲醛含量（mg）为横坐标，对应的吸光度为纵坐标，绘制标准工作曲线。

2）样品分析：用移液管移取10mL多孔器萃取溶液及10mL空白试验溶液于100mL容量瓶中，稀释至刻度。以下同3.1操作。

（4）结果计算：$E = (A_s - A_b) \times f \times (100 + H) \times V/M_0$

11.4.4 注意事项

（1）装置使用前，为促进甲苯循环，应对多孔器侧臂采取保温措施。

（2）甲苯在整个萃取过程中以 70~90 滴/min 的速度回流。

（3）在萃取过程中和结束后，应注意不能让水从吸收瓶倒流入装置的其他部分。

11.5 石材放射性测定试验

11.5.1 试验目的

测量石材的天然性放射性核素镭-226、钍-232 和钾-40 放射性比活度。

11.5.2 试验仪器

低本底多道 γ 能谱仪。

11.5.3 试验步骤

1. 取样

随机抽取样品两份，每份不少于 3kg，一份密封保存，另一份作为检验样品。

2. 制样

将检验样品破碎，磨细至粒径不大于 0.16mm。将其放入与标准样品几何形态一致的样品盒中，称重（精确至 1g）、密封、待测。

3. 测量

当检验样品中天然放射性衰变链基本达到平衡后，在与标准样品测量条件相同情况下，采用低本底多道 γ 能谱仪对其进行镭-226、钍-232 和钾-40 比活度测量。

4. 测量不确定度的要求

当样品中镭-226、钍-232 和钾-40 放射性比活度之和大于 37Bq·kg^{-1} 时，《建筑材料放射性核素限量》（GB 6566—2001）规定的试验方法要求测量不确定度（扩展因子 $K=1$）不大于 20%。

11.5.4 检验规则

（1）《建筑材料放射性核素限量》（GB 6566—2001）所列镭-226、钍-232、钾-40 放射性比活度均为型式检验项目。

（2）在正常生产情况下，每年至少进行一次型式检验。

（3）有下列情况之一随时进行型式检验：

1）新产品定型时。

2）生产工艺及原料有较大改变时。

3）产品异地生产时。

11.5.5 检验结果的判定

对于装修材料根据其放射性水平大小划分为以下三类：

注：装修材料指用于建筑物室内外饰面用的建筑材料，包括：花岗石、建筑陶瓷、石膏制品、吊顶材料、粉刷材料及其他新型饰面材料等。

1. A 类装修材料

装修材料中天然放射性核素镭-226、钍-232、钾-40 的放射性比活度同时满足 $I_{Ra} \leqslant 1.0$ 和 $I_{\gamma} \leqslant 1.3$ 要求的为 A 类装修材料。A 类装修材料产销与使用范围不受限制。

I_{Ra} 表示内照射指数，指建筑材料中天然放射性核素镭-226、钍-232、钾-40 的放射性比活度除以规定的限量所得的商。表达式为

$$I_{Ra} = \frac{C_{Ra}}{200}$$

式中　C_{Ra}——建筑材料中天然放射性核素镭-226 的放射性比活度（Bq/kg）；

　　200——仅考虑内照射情况下，《建筑材料放射性核素限量》（GB 6566—2001）中规定的建筑材料中放射性核素镭-226 的放射性比活度限量（Bq/kg）。

I_{γ} 表示外照指数，指建筑材料中天然放射性核素镭-226、钍-232、钾-40 的放射性比活度分别除以其各自存在时规定限量而得的商之和。表达式为：

$$I_{\gamma} = \frac{C_{Ra}}{370} + \frac{C_{Th}}{260} + \frac{C_{K}}{4200}$$

式中　C_{Ra}、C_{Th}、C_{K}——分别表示建筑材料中天然放射性核素镭-226、钍-232、钾-40 的放射性比活度（Bq/kg^{-1}）；

　370，260，4200——分别表示仅考虑外照射情况下，标准中规定的建筑材料中天然放射性核素镭-226、钍-232、钾-40 在其各自单独存在时标准规定的限量（Bq/kg）。

某种核素的放射性比活度指物质中的某种核素放射性活度除以该物质的质量而得的商。表达式为：

$$C = \frac{A}{m}$$

式中　C——放射性比活度（Bq/kg）；

　　A——核素放射性活度（Bq）；

　　m——物质的质量（kg）。

2. B 类装修材料

不满足 A 类装修材料要求但同时满足 $I_{Ra} \leqslant 1.3$ 和 $I_{\gamma} \leqslant 1.9$ 要求的为 B 类装修材料。B 类装修材料不可用于 I 类民用建筑的内饰面，但可用于 I 类民用建筑的外饰面及其他一切建筑物的内、外饰面。

I 类民用建筑如老年公寓、托儿所、医院和学校等。

3. C 类装修材料

不满足 A、B 类装修材料要求但满足 $I_{\gamma} \leqslant 2.8$ 要求的为 C 类装修材料。C 类装修材料只用于建筑物的外饰面及室外其他用途。

$I_\gamma > 2.8$ 的花岗石只可用于碑石、海堤、桥墩等人类很少涉及的地方。

对于建筑主体材料检验按下面进行判定：

当建筑主体材料中天然放射性核素镭-226、钍-232、钾-40 的放射性比活度同时满足 $I_{Ra} \leq 1.0$ 和 $I_\gamma \leq 1.0$ 时，其产销与使用范围不受限制。

对于空心率大于 25% 的建筑主体材料，其天然放射性核素镭-226、钍-232、钾-40 的放射性比活度同时满足 $I_{Ra} \leq 1.0$ 和 $I_\gamma \leq 1.3$ 时，其产销与使用范围不受限制。

注：建筑主体材料指用于构造建筑物主体工程所使用的建筑材料。包括：水泥制品、砖、瓦、混凝土、混凝土预制构件、砌块、墙体保温材料、工业废渣、掺工业废渣的建筑材料及各种新型墙体材料等。

11.6 陶瓷内墙砖的简易质量识别试验

11.6.1 试验目的

用简单的试验方法进行陶瓷内墙砖质量检验。

11.6.2 试验仪器

（1）荧光灯：色温为 6000 ~ 6500K。
（2）直尺：1m 长。
（3）照度计。
（4）0.05mm 的游标卡尺。

11.6.3 试样制备

（1）对于边长小于 600mm 的砖，每种类型至少取 30 块整砖进行检验，且面积不小于 $1m^2$。
（2）对于边长不小于 600mm 的砖，每种类型至少取 10 块整块砖进行检验，且面积不小于 $1m^2$。

11.6.4 试验步骤

（1）尺寸偏差。用读数为 0.05mm 的游标卡尺测量，长度、宽度测量附加四边。高度测量包括凸背纹。陶瓷内墙砖的尺寸偏差应符合表 11-1 规定。

表 11-1 陶瓷内墙砖的尺寸偏差

名称	长度	允许偏差
长度或宽度	≤152	±0.5
	>152	±0.8
	≥250	±1.0
	>250	+0.4
厚度	≤5	-0.3
	>5	厚度的 ±8%

（2）表面缺陷。表面缺陷和人为效果的定义。

1）裂纹：在砖的表面，背面或两面可见的裂纹。

2）釉裂：釉面上有不规则如头发丝的细微裂纹。

3）缺釉：施釉砖釉面局部无釉。

4）不平整：在砖或釉面上非人为的凹陷。

5）针孔：施釉砖表面的如针状的小孔。

6）桔釉：釉面有明显可见的非人为结晶，光泽较差。

7）斑点：砖的表面有明显可见的非人为异色点。

8）釉下缺陷：被釉面覆盖的明显缺点。

9）装饰缺陷：在装饰方面的明显缺点。

10）磕碰：砖的边、角或表面崩裂掉细小的碎屑。

11）釉泡：表面的小气泡或烧结时释放气体后的破口泡。

12）毛边：砖的边缘有非人为的不平整面。

13）釉缕：沿砖边有明显的釉堆集成的隆起。

检验表面缺陷时，将试样在检查板上铺成方形平面，检查板与水平呈 70°±10° 放置，试样铺放后，要使砖面的最高边与检验者的视线相平，砖面上各部分的照度约为 300lx。若需灯光照明，光源置于检验者脚尖的距离位置。观察距离指试样铺贴底边至检查者脚尖的距离。

检验龟裂、开裂、背面磕碰时，在光线充足的条件下，距试样 0.5m 逐块目测检验见表 11-2。敲击试样，根据声音差异辨别夹层缺陷。目测检验时，检验者的身体不应倾斜。

表面质量以表面无可见缺陷砖的百分比表示。

表 11-2 陶瓷内墙砖的缺陷

缺陷名称	优等品	一级品	合格品
开裂、夹层、釉裂			
背面磕碰	深度为砖后的 1/2	不影响使用	
剥边、落脏、釉泡、斑点、坯粉釉缕、桔釉、波纹、缺釉、棕眼裂纹、图案缺陷、正面磕碰	距离砖面 1m 处 目测无可见缺陷	距离砖面 2m 处 目测缺陷不明显	距离砖面 3m 处 目测缺陷不明显

（3）色差。在接近日光并光线充足的条件下，观察距离为 0.5m 随机抽取样品为对照组，在对照组内选取一块样品为对照板，对照板的颜色，应在对照组内与尽可能多的样品一致。以对照板为基准，与被检样品逐块目测对比，按表 11-3 检验。

表 11-3 允许色差

色差	优等品	一级品	合格品
	基本一致	不明显	不严重

第12章　室内环境质量检测与验收

12.1　民用建筑工程室内环境中苯的检测

12.1.1　编制目的

为对民用建筑工程室内空气中苯浓度的检验，特制定本细则。

12.1.2　适用范围

本实施细则适用于民用建筑室内空气中苯浓度的检验。

12.1.3　检验依据

(1)《民用建筑工程室内环境污染控制规范》［GB 50325—2010（2013 年版)］。

(2)《居住区大气中苯、甲苯和二甲苯卫生检验标准方法》) GB 11737—1989)。

12.1.4　检验原理

本测定方法主要依据《居住区大气中苯、甲苯和二甲苯卫生检验标准方法　气相色谱法》(GB 11737—1989)。

空气中苯用活性炭管采集，然后经热解吸，用气相色谱法分析，以保留时间定性，峰高定量。

12.1.5　检验人员

检验人员须持证上岗，检验工作中，检验人员应认真负责。

12.1.6　检验仪器

(1) 恒流采样器：采样过程中流量稳定，流量范围 0.2 ~ 0.5L/min。

(2) 热解吸装置：能对吸附管进行热解吸，解吸温度可达 350℃，载气流速可调。

(3) 气相色谱仪：配备氢火焰离子化检测器。

(4) 色谱柱：毛细管柱长 30 ~ 50m，内径 0.53mm 或 0.32mm 石英柱，内涂覆二甲基聚硅氧烷或其他非极性材料。

(5) 注射器：1μL、10μL、1mL、100mL 注射器若干个。

(6) 具塞刻度试管：2mL 若干个。

12.1.7　试剂和材料

(1) 活性炭吸附管：内装 100mg 椰子壳活性炭吸附剂的玻璃管或内壁光滑的不锈钢管,

使用前应通氮气加热活化，活化温度为 $300 \sim 350℃$ ，活化时间不少于 10min ，活化至无杂质峰。

（2）标准品：苯标准溶液或标准气体。

（3）载气：氮气（纯度不小于 99.999% ）。

12.1.8　检验程序

1. 采样

应在采样地点打开吸附管，与空气采样器入气口垂直连接，调节流量在 0.5L/min ，用皂膜流量计校准采样系统的流量，采集约 10L 空气，记录采样时间、采样流量、温度和大气压。

采样后，取下吸附管，密封吸附管的两端，做好标识，放入可密封的金属或玻璃容器中。样品可保存 5d 。

2. 空气样品的测定

（1）色谱分析条件。色谱分析条件可选用以下推荐值，也可根据实验室条件制定最佳分析条件：

柱箱温度：60℃ 。

检测室温度：150℃ 。

汽化室温度：150℃ 。

载气：氮气，50mL/min 。

（2）标准曲线。用热解吸气相色谱法进行分析，绘制标准曲线和计算回归方程。

准确抽取浓度约 $1mg/m^3$ 的标准气体 100mL 、200mL 、400mL 、1L 、2L 通过吸附管。用热解吸气相色谱法分析吸附管标准系列，以苯的含量（μg）为横坐标，峰高为纵坐标，分别绘制标准曲线。

将吸附管置于热解析直接进样装置中，350℃ 解吸后，解吸气体直接由进样阀进入气相色谱仪，进行色谱分析，以保留时间定性、峰高定量。

（3）样品分析。每支样品吸附管及未采样管，按标准系列相同的热解析气相色谱分析方法进行分析，以保留时间定性、峰高定量。

（4）结果计算。

1）所采空气样品中苯的浓度，应按下式计算：

$$c = \frac{m_i - m_0}{V}$$

式中　c——所采空气样品中苯浓度（mg/m^3）；

　　m_i——样品管中苯的量（μg）；

　　m_0——未采样管中苯的量（μg）；

　　V——空气采样体积（L）。

2）空气样品中苯的浓度，应按下式换算成标准状态下的浓度：

$$C_c = c \times \frac{101}{P} \times \frac{t + 273}{273}$$

式中　C_c——标准状态下所采空气样品中苯的浓度（mg/m^3）；

P——采样时采样点的大气压力（kPa）；

t——采样时采样点的温度（℃）。

12.1.9 注意事项

（1）活性炭几乎能吸附所有的有机蒸汽，保存过程中应特别注意防止污染。塑料帽套紧管的两端，应冷藏储存。

（2）当与挥发性有机化合物有相同或几乎相同的保留时间的组分干扰测定时，宜通过选择适当的气相色谱柱，或调节分析系统的条件，将干扰减到最低。

12.2 民用建筑工程室内环境中甲醛酚试剂分光光度法检测

12.2.1 编制目的

为对民用建筑工程室内空气中甲醛浓度的检验。特制定本细则。

12.2.2 适用范围

适用于民用建筑工程室内空气中甲醛浓度的检验。

12.2.3 检验依据

（1）《民用建筑工程室内环境污染控制规范》［GB 50325—2010（2013年版）］。

（2）《公共场所空气中甲醛测定方法》（GB/T 18204.26—2000）。

12.2.4 检验原理

空气中的甲醛与酚试剂反应生成嗪，嗪在酸性溶液中被高铁离子氧化形成蓝绿色化合物。根据颜色深浅，比色定量。

12.2.5 检验人员

检验人员须经培训考核合格的持证上岗人员，检验工作中，检验人员应认真负责。

12.2.6 检验仪器及设备

（1）大型气泡吸收管：出气口内径为1mm，与管底距离应为3～5mm。

（2）空气采样器：流量范围0～2L/min，流量稳定。

（3）具塞比色管：10mL。

（4）分光光度计。

（5）天平：感量0.0001g。

（6）电子天平：感量0.1g。

（7）单标线移液管：1mL、2mL、5mL、20mL。

（8）刻度移液管：1mL、2mL、5mL、10mL。

（9）棕色容量瓶：100mL、1000mL。

12.2.7 试剂和材料

所用的水均为三级水，所用的试剂纯度一般为分析纯。

（1）吸收液原液：称量 0.10g 酚试剂 $[C_6H_4SN(CH_3)C:NNH_2 \cdot HCl$，简称 MBTH]，加水溶解，倾于 100mL 具塞量筒中，加水至刻度。放冰箱中保存，可稳定 3d。

（2）吸收液：量取吸收原液 5mL，加 95mL 水，即为吸收液。采样时，临用现配。

（3）1% 硫酸铁铵溶液：称量 1.0g 硫酸铁铵 $[NH_4Fe(SO_4)_2 \cdot 12H_2O]$ 用 0.1mol/L 盐酸溶解，并稀释至 100mL。

（4）甲醛标准储备溶液：取 2.8mL 含量为 36% ~ 38% 甲醛溶液，放入 1L 容量瓶中，加水稀释至刻度。此溶液 1mL 相当于 1mg 甲醛。其准确浓度用下述碘量法标定。

甲醛标准储备溶液标定：精确量取 20.00mL 待标定的甲醛标准储备溶液，置于 250mL 碘量瓶中。加入 20.00mL0.1N 碘溶液 $[c(1/2 I_2) = 0.1000mol/L I_2]$ 和 15mL 1mol/L 氢氧化钠溶液，放置 15min。加入 20mL 0.5mol/L 硫酸溶液，再放置 15min，用 $[c(Na_2S_2O_3) = 0.1000mol/L]$ 硫代硫酸钠标准溶液滴定，至溶液呈现淡黄色时，加入 1mL 0.5% 淀粉溶液继续滴定至恰使蓝色褪去为止，记录所用硫代硫酸钠溶液体积（V_2），mL。同时用水作试剂空白滴定，记录空白滴定所用硫代硫酸钠（V_1），mL。

甲醛溶液的浓度用以下公式计算：

$$甲醛溶液浓度（mg/mL） = \frac{(V_1 - V_2) \times c_1 \times 15}{20}$$

式中　V_1——试剂空白消耗硫代硫酸钠标准溶液的体积（mL）；

V_2——甲醛标准储备溶液消耗硫代硫酸钠标准溶液的体积（mL）；

c_1——硫代硫酸钠标准溶液的准确物质的量浓度；

15——甲醛的当量；

20——所取甲醛标准储备溶液的体积（mL）。

二次平行滴定，误差应小于 0.05mL，否则重新标定。

（5）甲醛标准溶液：临用时，将甲醛标准储备溶液用水稀释至成 1.00mL 含 10μg 甲醛、立即再取此溶液 10.00mL，加入 100mL 容量瓶中，加入 5mL 吸收原液，用水定容至 100mL，此液 1.00mL 含 1.0μg 甲醛，放置 30min 后，用于配置标准色列管。此标准溶液可稳定 24h。

注：可用国家二级以上标准品直接配制成标准溶液。

12.2.8 检验程序

1. 采样

（1）采样条件应按民用建筑工程室内环境空气样品采集实施细则进行。

（2）用一个气泡吸收管，以 0.5L/min 流量，采气 10L。并记录采样点的温度和大气压力。采样后样品在室温下应在 24h 内分析。

2. 标准曲线的绘制

取 10mL 具塞比色管，用甲醛标准溶液按下表制备标准系列。

管号	0	1	2	3	4	5	6	7	8
标准溶液/mL	0.00	0.10	0.20	0.40	0.60	0.80	1.00	1.50	2.00
吸收液/mL	5.00	4.90	4.80	4.60	4.40	4.20	4.00	3.50	3.00
甲醛含量/μg	0	0.10	0.20	0.40	0.60	0.80	1.00	1.50	2.00

各管中，加入 0.4mL 1% 硫酸铁铵溶液，摇匀。放置 15min。用 1cm 比色皿，以在波长 630nm 下，以水作参比，测定各管溶液的吸光度。以甲醛含量为横坐标，吸光度为纵坐标，绘制曲线，并用最小二乘法计算校准曲线的斜率、截距及回归方程。表达式为：

$$Y = bX + a$$

式中　Y——标准溶液的吸光度；

　　　X——甲醛含量（μg）；

　　　a——回归方程式的截距；

　　　b——回归方程式斜率；

相关系数应大于 0.999。

3. 样品测定

采样后，将样品溶液全部转入比色管中，用少量吸收液洗吸收管，合并使总体积为 5mL。按绘制标准曲线的操作步骤测定吸光度（A）；在每批样品测定的同时，用 5mL 未采样的吸收液作试剂空白，测定试剂空白的吸光度（A_0）。

4. 结果计算

空气中甲醛浓度按下式计算：

$$C = \frac{(A - A_0) - a}{b \times V_0}$$

式中　C——空气中甲醛浓度（mg/m^3）；

　　　A——样品溶液的吸光度；

　　　A_0——空白溶液的吸光度；

　　　a——校准曲线的截距；

　　　b——回归线的斜率；

　　　V_0——换算成标准状态下的采样体积（L）。

12.2.9　测量范围

用 5mL 样品溶液，本法测定范围 0.1 ~ 1.5μg；采样体积为 10L 时，可测浓度范围 0.01 ~ 0.15mg/m^3。

12.2.10　注意事项

（1）室温低于 15℃时，显色不完全，应在 25℃水浴中保温操作。

（2）显色温度低于 15℃时反应慢，显色不完全。20 ~ 35℃时，15min 显色达最完全，放置 4h 稳定不变。

12.3 民用建筑工程室内环境中氨靛酚蓝分光光度法检测

12.3.1 编制目的

为对民用建筑工程室内空气中氨浓度的检验，特制定本细则。

12.3.2 适用范围

适用于民用建筑工程室内空气中氨浓度的检验。

12.3.3 检验依据

（1）《民用建筑工程室内环境污染控制规范》［GB 50325—2010（2013 年版）］。

（2）《公共场所空气中氨测定方法》（GB/T 18204.25—2000）。

12.3.4 检验原理

空气中氨吸收在稀硫酸中，在亚硝基铁氰化钠及次氯酸钠存在下，与水杨酸生成蓝绿色的靛酚蓝染料，根据着色深浅，比色定量。

12.3.5 检验人员

检验人员须经省建设厅培训考核的持证上岗人员，检验工作中，检验人员应认真负责。

12.3.6 检验仪器及设备

（1）大型气泡吸收管：有 10mL 刻度线，出气口内径为 1mm，与管底距离应 3～5mm。

（2）空气采样器：流量范围 0～2L/min，流量稳定。

（3）具塞比色管：10mL。

（4）分光光度计。

（5）气压表。

（6）皂膜流量计。

12.3.7 试剂和材料

本法所用的试剂均为分析纯以上，水为三级以上蒸馏水。

（1）吸收液［$c(H_2SO_4) = 0.005mol/L$］：量取 2.8mL 浓硫酸加入水中，并稀释至 1L。临用时再稀释 10 倍。

（2）碘化钾（KI）。

（3）盐酸。

（4）水杨酸溶液（50g/L）：称取 10.0g 水杨酸［$C_6H_4(OH)COOH$］和 10.0g 柠檬酸钠（$Na_3C_6O_7 \cdot 2H_2O$），加水约 50mL，再加 55mL 氢氧化钠溶液［$c(NaOH) = 2mol/L$］用水稀释至 200mL。此试剂稍有黄色，室温下可稳定一个月。

（5）亚硝基铁氰化钠溶液（10g/L）：称取 1.0g 亚硝基铁氰化钠［$Na_2Fe(CN)_5 \cdot NO \cdot$

$2H_2O$〕，溶于100mL水中，储于冰箱中可稳定一个月。

（6）次氯酸钠溶液〔c（NaClO）＝0.05mol/L〕：取1mL次氯酸钠试剂原液，用碘量法标定其浓度。然后用氢氧化钠溶液〔c（NaOH）＝2mol/L〕稀释成0.05mol/L的溶液。储于冰箱中可保存两个月。

（7）氨标准溶液

1）标准储备液：称取0.3142g经105℃干燥1h的氯化铵（NH_4Cl），用少量水溶解，移入100mL容量瓶中，用吸收液稀释至刻度。此液1.00mL含1.00mg氨。

2）标准工作液：临用时，将标准储备液用吸收液稀释成1.00mL含1.00μg氨。

注：可用国家二级以上标准品直接配制成标准溶液。

12.3.8　检验程序

1. 采样

（1）采样条件应按民用建筑工程室内环境空气样品采集实施细则进行。

（2）采样：用一个内装10mL吸收液的大型气泡吸收管，以0.5L/mim流量，采样10min，采气5L，及时记录采样点的温度及大气压力。采样后，样品在室温下保存，于24h内分析。

2. 标准曲线的绘制

取10mL具塞比色管7支，按下表制备标准系列管。

管号	0	1	2	3	4	5	6
标准溶液/mL	0	0.5	1.00	3.00	5.00	7.00	10.00
吸收液/mL	10.00	9.50	9.00	7.00	5.00	3.00	0
甲醛含量/μg	0	0.50	1.00	3.00	5.00	7.00	10.00

在各管中加入0.50mL水杨酸溶液，再加入0.10mL亚硝基铁氰化钠溶液和0.10mL次氯酸钠溶液，混匀，室温下放置1h。用1cm比色皿，于波长697.5nm处，以水作参比，测定各管溶液的吸光度。以氨含量（μg）作横坐标，吸光度为纵坐标，绘制标准曲线。并用最小二乘法计算校准曲线的斜率、截距及回归方程。表达式为：

$$Y = bX + a$$

式中　Y——标准溶液的吸光度；

　　　X——氨含量（μg）；

　　　a——回归方程式的截距；

　　　b——回归方程式斜率。

相关系数应＞0.999。

3. 样品测定

将样品溶液转入具塞比色管中，用少量的水洗吸收管，合并，使总体积为10mL。再按制备标准曲线的操作步骤测定样品的吸光度。在每批样品测定的同时，用10mL未采样的吸收液作试剂空白测定。如果样品溶液吸光度超过标准曲线范围，则可用试剂空白稀释样品显色液后再分析。计算样品浓度时，要考虑样品溶液的稀释倍数。

4. 结果计算

空气中氨浓度按下式计算：

$$c(\mathrm{NH_3}) = \frac{(A - A_0) - a}{b \times V_0}$$

式中　c——空气中氨浓度（mg/m³）；

A——样品溶液的吸光度；

A_0——空白溶液的吸光度；

a——校准曲线的截距；

b——校准曲线的斜率；

V_0——标准状态下的采样体积（L）。

12.3.9　测定范围

测定范围为 10mL 样品溶液中含 0.5~10μg 的氨。按 GB/T 18204.25—2000 规定的条件采样 10min，样品可测浓度范围为 0.01~2mg/m³。

12.3.10　注意事项

（1）次氯酸钠溶液不稳定，光照射分解，商品次氯酸钠多系无色塑料瓶装，建议用黑纸包裹，冰箱内避光保存。

（2）由于纯水痕量的氨不易除去，常规工作用空白试样校正。

（3）本方法显色温度以 25~30℃ 较好，如试剂系从冰箱内取出，应放置与室温平衡后再用。

12.4　室内空气中 TVOC 检测（热解吸/毛细管气相色谱法）

12.4.1　编制目的

为检测民用建筑工程室内空气中总挥发性有机化合物（TVOC）的含量，规范工作人员的作业，确保数据的准确及时，特制订本检测细则。

12.4.2　适用范围

本细则适用于民用建筑工程室内空气中总挥发性有机化合物（TVOC）的检测。TVOC 目前是指：苯、甲苯、对二甲苯、间二甲苯、邻二甲苯、苯乙烯、乙苯、醋酸丁酯和正十一烷 9 种挥发性有机化合物的总含量。其他未识别的 VOC 用甲苯代替。

12.4.3　检测依据

《民用建筑工程室内环境污染控制规范》[GB 50325—2010（2013 年版）]。

12.4.4　方法原理

用 Tenax-TA 吸附管采集一定体积的空气样品，空气中的挥发性有机化合物保留在吸附管中，通过热解吸装置加热吸附管得到挥发性有机化合物的解吸气体，将其注入气相色谱仪，进行色谱分析，以保留时间定性、峰高（或峰面积）定量。

12.4.5 检验人员

检验人员须经培训考核，持证上岗，检验人员应认真负责。

12.4.6 仪器及设备

（1）气相色谱仪：带氢火焰离子化检测器。

（2）热解吸装置：能对吸附管进行热解吸，解吸温度可达300℃，载气流速可调。

（3）毛细管柱：长30～50m，内径0.32mm或0.53mm石英柱，柱内涂覆二甲基聚硅氧烷，膜厚1～5μm，柱操作条件为程序升温，初始温度应为50℃，保持10min，升温速率5℃/min，温度升至250℃，保持2min。

（4）恒流采样器：空气采样过程中流量稳定，流量范围0～2L/min。

（5）微量进样器：1μL、10μL和1mL、100mL注射器若干个。

12.4.7 试剂和材料

（1）Tenax-TA吸附管：内装200mg粒径为0.18～0.25mm（60～80目）Tenax-TA吸附剂的玻璃管或内壁抛光的不锈钢管，使用前应通氮气加热活化，活化温度应高于解吸温度，活化时间不少于30min，活化至无杂质峰。

（2）标准样品

1）标准气样：含有各别准确量的苯、甲苯、对（间）二甲苯、邻二甲苯、苯乙烯、乙苯、乙酸丁酯、十一烷等色谱纯的混合气体。

2）标准液样：含有各别准确量的苯、甲苯、对（间）二甲苯、邻二甲苯、苯乙烯、乙苯、乙酸丁酯、十一烷等色谱纯的甲醇溶液。

3）载气：氮气（纯度不小于99.99%）。

12.4.8 检验程序

1. 采样

应在采样地点打开吸附管，与空气采样器的入气口垂直连接，调节流量在0.1～0.4L/min的范围内，用皂膜流量计校准采样系统的流量，采集1～5L空气，记录采样时间、采样流量、温度和大气压。

采样后取下吸附管，密封吸附管的两端，做好标记，放入可密封的金属或玻璃容器中，应尽快分析，样品最长可保存14d。

2. 空气样品的测定

（1）标准系列。根据实际情况可以选用气体外标法或液体外标法。

气体外标法：根据抽取气体组分浓度约1mg/m³的标准气体100mL、200mL、400mL、1L、2L通过吸附管，为标准系列。

液体外标法：取单组分含量为0.05mg/mL、0.1mg/mL、0.5mg/mL、1.0mg/mL、2.0mg/mL的标准溶液1～5μL注入吸附管，同时用100mL/min的氮气通过吸附管，5min后

取下，密封，为标准系列。

（2）标准曲线。用热解吸气相色谱法分析吸附管标准系列，以各组分的含量（μg）为横坐标，峰面积为纵坐标，分别绘制标准曲线，并计算回归方程。

热解吸直接进样的气相色谱法：

将吸附管置于热解吸直接进样装置中，280℃解吸后，解析气体直接由进样阀快速进入气相色谱仪，进行色谱分析，以保留时间定性、峰面积定量。每个浓度重复两次，取峰面积的平均值。

3. 样品分析

每支样品吸附管及未采样管，按标准系列相同的热解析气相色谱分析方法进行分析，以保留时间定性、峰面积定量。对非识别峰，可以甲苯计。

4. 结果计算

由回归方程计算出各组分的量，再按下式计算所采空气样品中各组分的浓度：

$$C_c = \frac{m_i - m_0}{V}$$

式中　C_c——所采空气样品中 i 组分含量（mg/m^3）；

　　　m_i——被测样品中 i 组分的量（μg）；

　　　m_0——空白样品中 i 组分的量（μg）；

　　　V——空气标准状态采样体积（L）。

按下式计算标准状态下所采空气样品中总挥发性有机化合物（TVOC）的浓度：

$$C_{TVOC} = \sum_{i=1}^{n} C_c$$

式中　C_{TVOC}——标准状态下所采空气样品中总挥发性有机化合物（TVOC）的浓度（mg/m^3）。

12.4.9　注意事项

（1）当与挥发性有机化合物有相同或几乎相同的保留时间的组分干扰测定时，宜通过选择适当的气相色谱柱，或通过用更严格地选择吸收管和调节分析系统的条件，将干扰减到最低。

（2）保持进样系统的气密性，以防气体流失。

（3）根据样品浓度调节分流比，浓度高的分流比可适当调大，浓度低的分流比可适当调小。

（4）采集室外空气空白样品，应与采集室内空气样品同时进行，地点宜选择在室外上风方向处。

12.5　室内空气污染物抽样及其浓度检测结果的判断

12.5.1　编制目的

为保证民用建筑工程室内环境污染物浓度的检测质量，采集足够数量的有代表性的样品是先决条件，为此特制定本细则。

12.5.2　适用范围

本细则适用于民用建筑工程室内环境污染物浓度检测的取样。

12.5.3　检验依据

《民用建筑工程室内环境污染控制规范》[GB 50325—2010（2013 年版）]。

12.5.4　采样

（1）采样仪器准备

1）恒流采样器：流量范围 0～2L/min，流量稳定。

2）气泡吸收管。

3）气压表。

4）温湿度计。

5）活性炭采样管（采样前吸附管在 350℃下通氮气活化 20～60min）。

6）Tenax-TA 采样管（采样前吸附管在 300℃下通氮气活化 20～60min）。

（2）采样仪器设备的准备情况，运行完好检查

1）气密性检查：有动力采样器在采样前应对采样系统气密性进行检查，不得漏气。

2）流量校准：采样系统流量要求保持恒定，现场采样前要用皂膜流量计校准采样系统进气流量。尤其注意的是：对于苯及 TVOC 的采样，由于吸附管阻力较大，如果使用非恒流的气体采样器，容易发生系统流量失真情况，直接影响检测结果，所以应使用恒流气体采样器。

（3）须采集样品的环境准备情况检查

1）采样时间应在建筑工程及室内装修工程完工至少 7d 以后、工程交付使用前进行。

2）对采用集中空调的民用建筑工程，应在空调正常运转条件下进行。

3）对采用自然通风的民用建筑工程，检测应在对外门窗关闭 1h 后进行。

（4）采集环境样品时，须同时在室外的上风向处采集室外环境空气样品。

（5）对不合格情况，应加采平行样，测定之差与平均值比较的相对偏差不超过 20%。

（6）采样点设置要求：

1）室内环境污染物浓度检测点数设置见下表。

房间使用面积/m²	检测点数/个
<50	1
≥50，<100	2
≥100，<500	不少于 3
≥500，<1000	不少于 5
≥1000，<3000	不少于 6
≥3000	不少于 9

2）室内环境污染物浓度现场检测点应距内墙面不小于 0.5m，距楼地面高度 0.8～1.5m。

3）检测点应在对角线上或梅花式均匀分布设置，避开通风道和通风口。

（7）采样记录内容

1）标明采样点的设置位置。

2）采样仪器的型号、编号、采样流量。

3）采样时间、流速。

4）采样温度、湿度、气压等气象参数。

5）采样者名称。

6）采样单上的其他内容。

7）采样位置封闭时间。

12.5.5 采样体积计算

采样体积按下式计算：

$$V_0 = V_t \times \frac{T_0}{273 + T} \times \frac{P}{P_0}$$

式中　V_0——标准状态下的采样体积（L）；

V_t——体积，为采样流量与采样时间乘积；

T——采样点的温度（℃）；

T_0——标准状态下的绝对温度273K；

P——采样点的大气压力（kPa）；

P_0——标准状态下的大气压力，101kPa。

12.5.6 采样人员要求

检验人员须经培训，持证上岗。工作中严肃认真，对采测的结果负责。应配备采测人员两名，一人操作一人记录，相互复核。

12.5.7 民用建筑工程室内环境污染物浓度限量检测结果的判定原则

民用建筑工程根据控制室内环境污染的不同要求，划分为以下两类：

Ⅰ类民用建筑工程：住宅、医院、老年建筑、幼儿园、学校教室等民用建筑工程。

Ⅱ类民用建筑工程：办公楼、商店、旅馆、文化娱乐场所、书店、图书馆、展览馆、体育馆、公共交通等候室、餐厅、理发店等民用建筑工程。

民用建筑工程室内环境污染物浓度限量见下表。

污染物	Ⅰ类民用建筑工程	Ⅱ类民用建筑工程
甲醛/（mg/m³）	≤0.08	≤0.1
苯/（mg/m³）	≤0.09	≤0.09
氨/（mg/m³）	≤0.2	≤0.2
TVOC/（mg/m³）	≤0.5	≤0.6

注：1. 表中污染物浓度限量，指室内测量值扣除同步测定的室外上风向空气测量值后的测量值。

2. 表中污染物浓度测量值的极限值判定，采用全数值比较法。

当室内环境污染物浓度检测结果不符合上表的规定时，应查找原因并采取措施进行处理，并可进行再次检测验收。再次检测验收时，抽检点的数量要增加一倍。若室内环境污染物浓度再次检测的结果，全部符合上表的规定时，仍可判定为该工程室内环境质量合格。

参 考 文 献

[1] 陆平. 建筑装饰材料 [M]. 北京：化学工业出版社，2006.
[2] 李燕. 任淑霞，建筑装饰材料 [M]. 北京：科学出版社，2006.
[3] 林祖宏. 建筑材料 [M]. 北京：北京大学出版社，2008.
[4] 高军林. 建筑装饰材料 [M]. 北京：北京大学出版社，2009.
[5] 杨丽君，韩朝. 建筑装饰材料 [M]. 天津：天津大学出版社，2014.
[6] 王宝东. 建筑装饰材料 [M]. 北京：中国水利水电出版社，2013.
[7] 孙晓红. 建筑装饰材料与施工工艺 [M]. 北京：机械工业出版社，2013.

教材使用调查问卷

尊敬的老师：

您好！欢迎您使用机械工业出版社出版的教材，为了进一步提高我社教材的出版质量，更好地为我国教育发展服务，欢迎您对我社的教材多提宝贵的意见和建议。敬请您留下您的联系方式，我们将向您提供周到的服务，向您赠阅我们最新出版的教学用书、电子教案及相关图书资料。

本调查问卷复印有效，请您通过以下方式返回：

邮寄：北京市西城区百万庄大街 22 号机械工业出版社建筑分社（100037）
　　　张荣荣　　　（收）

传真：010-68994437（张荣荣收）　　　　　E-mail：54829403@qq.com

一、基本信息

姓名：_____　职称：_____　　　职务：_____

所在单位：_____

任教课程：_____

邮编：_____　地址：_____

电话：_____　电子邮件：_____

二、关于教材

1. 贵校开设土建类哪些专业？

□建筑工程技术　　　□建筑装饰工程技术　　　□工程监理　　　□工程造价
□房地产经营与估价　□物业管理　　　　　　　□市政工程　　　□园林景观
□道路桥梁工程技术

2. 您使用的教学手段：　□传统板书　　□多媒体教学　　□网络教学

3. 您认为还应开发哪些教材或教辅用书？_____

4. 您是否愿意参与教材编写？希望参与哪些教材的编写？

课程名称：_____

形式：　□纸质教材　　□实训教材（习题集）　　□多媒体课件

5. 您选用教材比较看重以下哪些内容？

□作者背景　　□教材内容及形式　　□有案例教学　　□配有多媒体课件
□其他_____

三、您对本书的意见和建议（欢迎您指出本书的疏误之处）_____

_____

_____

四、您对我们的其他意见和建议_____

_____

_____

请与我们联系：

100037　北京西城百万庄大街 22 号
机械工业出版社·建筑分社　张荣荣　收
Tel：010-88379777（O），68994437（Fax）
E-mail：54829403@qq.com
http：//www.cmpedu.com（机械工业出版社·教材服务网）
http：//www.cmpbook.com（机械工业出版社·门户网）
http：//www.golden-book.com（中国科技金书网·机械工业出版社旗下网站）